U0424201

孩子的方式

儿童绘画心理分析与观察指南

著者/杭海

绘画/杭大川

图书在版编目（CIP）数据

孩子的方式：儿童绘画心理分析与观察指南 / 杭海著；杭大川绘．—北京：生活 · 读书 · 新知三联书店，2018.1
ISBN 978－7－108－06006－8

Ⅰ．①孩… Ⅱ．①杭… ②杭… Ⅲ．①儿童心理学－绘画心理学－研究 Ⅳ．① B844.1 ② J20-05

中国版本图书馆 CIP 数据核字（2017）第 144490 号

责任编辑 徐国强
装帧设计 林 帆
责任校对 张 睿
责任印制 徐 方
出版发行 生活 · 讀書 · 新知 三联书店
（北京市东城区美术馆东街 22 号 100010）
网 址 www.sdxjpc.com
经 销 新华书店
印 刷 河北鹏润印刷有限公司
版 次 2018 年 1 月北京第 1 版
2018 年 1 月北京第 1 次印刷
开 本 720 毫米 × 1020 毫米 1/16 印张 10.75
字 数 50 千字 图 265 幅
印 数 00,001－10,000 册
定 价 68.00 元
（印装查询：01064002715；邮购查询：01084010542）

我的朋友、比利时儿童心理专家 Gaiet Dupont 女士，在一次聊天时说过一句话，我一直记着。她说："人一生的目的，就是找回失去的东西。"

看大川儿时的画，看得到孩子共有的天然部分。不少人都会说：我小的时候也爱画画。确实，每个幼儿生长中都会有这个阶段，但随着生理和兴趣的发展，再加上"教育"，绝大部分人的这种"才能"会逐渐消失或转移。

杭海先生细心积累、分析所得的这本书其价值在于，可作为我们成人对孩子的"关爱误区"的提醒。

——中央美术学院学术委员会主任、教授 徐冰

"孩子的方式"初看起来像是一本儿童图画书，仔细读下来才知道是给家长的指导书。书中用一张张孩子的图画告诉我们，孩子的眼睛如此的敏锐，表达如此的直接。作为家长，保护孩子的心智又是如此的重要。

从一个艺术家的视角来看，这也是一本非常专业的艺术教科书，在探讨艺术的观察和表达方面，比某些专业书籍阐释得更透彻，更接近艺术创作的本质。

——中国艺术研究院副院长、教授 谭平

这本父子共同完成的书有趣，给人启示，又颇有一些教育心理学的内容，很值得一读！父亲杭海是中央美术学院的教授，儿子则刚刚毕业于美国著名的芝加哥艺术学院，书中父亲详细分析了儿子幼时画画的过程，以及这段经历对孩子成长的影响。眼下大家都明白美术在素质教育中的重要性，但众多让孩子学美术的家长也许并不清楚，在孩子的成长过程中不同阶段的艺术教育方式所起到的作用，所以这本出自学者亲身经历的书应该有其特别的价值！

——中央美术学院教授 王敏

给孩子一面墙！他就是神笔马良！

这是一部记录父亲与儿子通过绘画上的研究与沟通而共同成长的著作。杭海先生作为中央美术学院的教授，用其专业精神给予孩子关注、理解和尊重，促进了孩子心智、情感和人格的健康成长。

这一幅幅生动的画面为各位家长和孩子们在艺术教育与成长方面提供了可借鉴的分析方法、沟通方式与培养模式。

——中央美术学院设计学院院长、教授 宋协伟

所有儿童都是天生的艺术家，他们的涂鸦都是美丽童心的灿烂绽放。但这种灵苗恰如电光石火转瞬即逝。揠苗助长只能使其早夭，忽略不见又会令其自生自灭。如何既顺其自然因势利导，又精心呵护滋养浇灌，让孩子的涂鸦成为心智成长的不请之友，吐露童真心灵的无间密语，连接花花世界的形色桥梁，驱赶孤独寂寞的亲密伴侣，而不仅仅是未来谋职的早期预备，甚或长辈望子成龙的焦虑寄托——那就请读读杭海的这本书，他用儿子的个案谨慎客观地记录并分析了儿童涂鸦中诸多艺术心理学和人格成长理论的严肃问题。他的儿子杭大川，那个在一岁到六岁期间为本书"创作"了许多涂鸦作品的孩子，现在已是一位青年艺术家。

——凤凰卫视主持人、学者 王鲁湘

作者简介：

杭大川，男，1994 年出生于江苏南京，2013 年就读于美国芝加哥艺术学院纯艺术专业，2017 年 5 月毕业，获学士学位。

杭海，男，1965 年出生于江苏南京。现任中央美术学院设计学院教授。北京 2008 年奥运会奖牌及火炬接力核心图形设计师，北京 2008 年奥运会体育图标、指示系统、门票及注册卡系统、形象景观 KOP 系统、火炬接力形象景观系统等项目设计总监。深圳 2011 年世界大学生运动会形象景观系统设计总监。著有《妆匣遗珍》《一个人自我推广》《借题发挥》《为北京奥运设计》等专著。

目录

前言

很久以来，学习绘画都是中国年轻家长培养孩子成材或陶冶其情操的重要途径，每天傍晚，无论寒冬还是酷暑，许许多多年幼的孩子刚放下书包，就又背起画夹随家长去训练班学画。我本人由于有绘画的背景，常常被有孩子的朋友问及绘画的事情,孩子画的“像”与“不像”一直是家长们焦虑的核心，无数有天分的孩子就在这一标准下遭受或正在遭受毁灭性的摧残。

1994 年的冬日我儿大川出生，使得我有机会去持续观察一个孩子较为完整的绘画历程，通过大川的绘画与视知觉理论的平行比较，我深切地意识到儿童绘画与儿童心智发展的同一性，以及儿童绘画在开发儿童创造性思维与艺术气质方面无可估量的作用。

通过儿童看似随意的涂鸦，我们不仅能了解此刻孩子在想些什么，过去经历了什么，甚至能够知道未来孩子将成为什么。儿童绘画不再被视为瞎涂乱抹，而应看作最具感性的心智记录。对儿童绘画做心智与视知觉方面的分析，可以帮助家长了解孩子的智力与情感的发展状况以及图形生成及发展的一般规律，使得家长能够对孩子的绘画及其绘画老师的教学方法有一个评估的基本依据，以避免其过度的热情加上对老师的盲目信任而给孩子的感觉、思维和情感造成长期的、潜在的、不可逆转的伤害。通过我所接触的许多艺术与设计专业的学生，我曾屡屡见识到这种自幼年起烙下的感知创伤的潜在面积及深度。

鼓励孩子画画的目的向来不是单一的指向未来的画家，而是对孩子心智的健康发展投注更多的了解与关爱，对孩子的情感与人格投注更多的理解与尊重。基于以上想法，我对大川七岁以前的作品进行了分类与研究，这种极端个别性的取证与研究不可能导致一种普遍意义上的理论普适性，加之我在儿童心理学方面的素养的浅薄，使得我的目标远远超越了我的学识范围，于是我换了一种行文的方式：以一个父亲的眼光与经历来描述一个普通孩子的

《拿冰淇淋的小孩与狗》

大川　画

涂鸦所带来的问题、发现，以及某种程度的思考。

如果一位家长在读完本书之后，不再嘲笑孩子将鸡画成了鸟，不再为孩子在白墙上画了一个小人而大发雷霆，并从此不再胡乱丢弃孩子的作品，而是奉为至宝，那就意味着在这个充满误解与偏见的世界上又多了一个幸运的孩子。

上编/形态的研究

《粉红琵鹭》（*La spatule rosée*）

［美］约翰·詹姆斯·奥杜邦 (John James Audubon) 绘

《鸟》

大川　画

有一天我给大川看美国画家奥杜邦的鸟类画册，当得知书中的图画全是手绘的，大川惊讶得张大了嘴巴，难以相信是真的。

父亲：这些画画得好吗？

大川：太棒了！

父亲：你也可以画一只鸟试试。

大川：我可画不了那么像，太难了。

父亲：画鸟的目的不是为了与真鸟一模一样，而是要画你的眼睛看见的、心里喜欢的，这样你画的鸟就是自己的鸟，与别人都不一样，它才是最棒的。

大川获得了信心，一会儿画了左图的鸟，鸟嘴里叼着虫子，对称的翅膀、锋利的爪子、丰满的尾翼、优雅的脖子……鸟所具有的基本特征被描绘得准确而感性。对于儿童绘画，我们不应该以像或不像作为判断优劣的标准，与物象一模一样，从来不是艺术价值的判断标准，刻意地引导儿童做这方面的努力，一来不符合儿童的身心发展规律，二来对于儿童的感受力会造成致命的伤害，儿童在试图做这种超越年龄的技术努力时更会导致严重的挫败感。儿童绘画的复杂性要求家长不要轻易地以自己的趣味来评判其中的是非，多询问、多鼓励、多赞美的态度更能促使孩子有信心去尝试各种方法以表达自己的想法和情绪，并从中获得喜悦与自信。鼓励儿童绘画的目的大都不是为了使之成为职业画家，而是帮助儿童以图形的方式表达其内心世界及所见的周围环境。在建构形态的过程中，儿童不仅学习了赋予思想、情感以具体可视形式的创造能力，同时也使情绪得到正常的宣泄。在处理某一事物或概念的表达方法的过程中，儿童得到了多渠道解决问题的自我教育；在遇到诸如如何表达“力量”“速度”这样的抽象概念时，儿童学会了简化与变通。通过绘画这种感性的表达方式，孩子与家长有了深入交

《太极拳》　大川　画 / 五岁

太极拳的动作刚柔相济、变幻莫测，五岁时大川以极简而稚拙的笔法生动地表达了一个个太极拳动作的瞬间意象。面对太极拳一系列复杂而连贯的动作，儿童究竟看见了什么，记住了什么，又是如何将其心理意象转化为一个具有象征意义、形意兼备的简化图形？这样的问题尚未有明确的答案，科勒（Wolfgang Köhler，格式塔心理学的奠基人之一）曾说过，心理学还是一个娃娃

流与理解的可能性……所有这些都是塑造一个具有创造能力与适应能力的未来公民的必要因素，而这一切都是从孩子在纸上画下第一条线开始的。

《生气》 《笑》 《哭》

大川 画 / 六岁

《念算术的人》

大川 画 / 七岁

《再见的手》

大川　画　/　六岁

《力量》

大川　画　/　五岁

大川五岁左右画的“力量”，以向外膨胀的曲线生动地展现了蓄于内而形于外的力量的视觉表现性

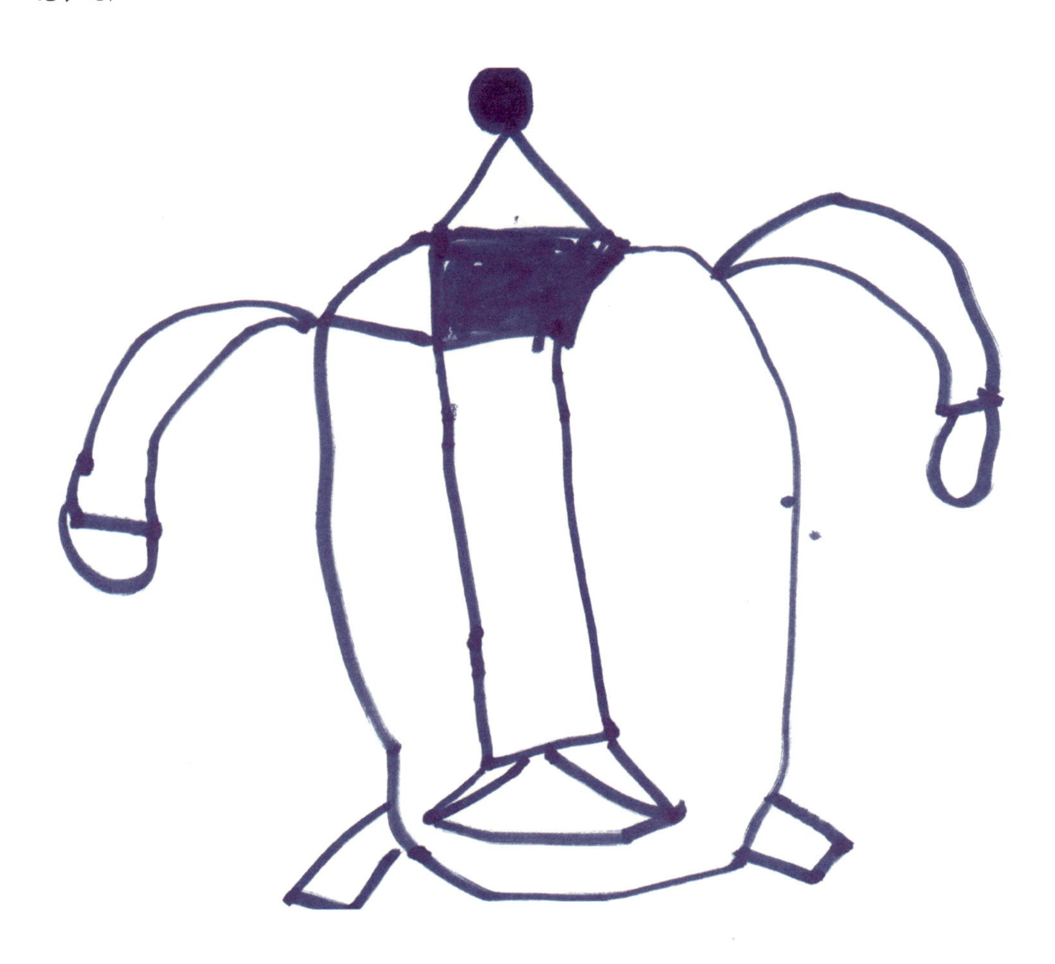

《玩滑梯》

大川　画　/　五岁

滑梯上的孩子高举双手，表达了下滑时的欢快心情

《好人正在吸坏人的能量》

大川　画　/　五岁

“好人”在车中以一种复杂的过滤装置将“坏人”的“能量”吸入车内

《手术》 大川 画 / 五岁

大川描绘的手术室的场景：用一根竖线将手术区域与外面分开，手术室四位大夫在给病人做手术，室外有的大夫在观察心电图，有的大夫送来了鲜花……对复杂关系的控制与处理需要勇气、耐心与变通等素质，在这一点上，图形关系与社会关系是一样的，儿童绘画的自我教育是方方面面的

《杨过与小龙女》　大川　画　/　四至五岁

四至五岁时的大川画的杨过与小龙女，右边是小龙女（以衣服上的一朵花表示其女性特征），左边是杨过。值得注意的是杨过的断臂的表现，大川以有体量感的肯定线条来表现杨过的左臂，而用几根疏散游离的线条来表达断臂后空洞的衣袖所呈现的不确定的视觉感受。这一例子生动地验证了事物或事件的心理意象与其视觉形式的同一性

《船与海豹》

大川　画　/　五岁

《线条》

大川　画　/　两岁

大川精神集中时画的线条，肯定而富有张力

《线条》

大川　画　/　两岁

大川一岁半时，我握着他拿笔的手在纸上画了几道线，大川立刻就饶有兴致地在纸上画了起来，时不时笔会从手中脱出，但慢慢地大川就能画出一些连续的线了。有时候他是在画；有时候他则是握住笔的下端在纸上戳，用力钻，这样就会毁了笔尖，所以不要用太贵的笔；有时候他则是在玩笔，将笔倒过来涂得满手都是，一不注意他还会啃笔，所以给孩子画画的笔一定要是无毒的。每次大川保持“绘画”兴致的时间很短，不一会儿他就厌烦了，去玩别的东西，要是我坚持让他再画一会儿，他就会心不在焉地应付几下，要是逼狠了，他就会闹情绪。有家长说，孩子根本就静不下心来画画，最多弄两下就走开了，其实时间不是主要的，而是要坚持每天都能有一会儿画画的过程，时间长了就自然而然地成为习惯，孩子是通过玩耍的方式学习的，学绘画也一样。

刚开始，孩子的线条生硬无序，过了一些时候线条甚至变得更加杂乱，家长不要着急，很快线条就会变得流畅而有规律了，对照开头的线条，你会发现这时的线

《线条》　大川　画

大川心不在焉时画的线条，结构松散，笔势游离

《线条》

大川　画 / 一岁

大川一岁多时画的线条，无序而分散

《线条》

大川　画 / 两岁

大川一岁七个月时画的线条，蜡笔与水笔、线与点的交互使用，有益于儿童多方面地尝试、体会图形的结构与质感

条不仅流畅而且非常有力度，体现出幼儿所特有的充盈活力。在一段时间内，儿童会在纸上有节奏地反反复复地画圈直到累了为止，这时候的儿童与其说是在画画，不如说是在活动肢体，但这一过程锻炼了儿童的协调能力，同时让儿童体会到肢体动作（手绕圈）与其纸面轨迹（圆形）的对应关系：手的动作流畅，线的轨迹就平滑；手用力，则线就显出较深的痕迹与力度，这一体会是将图形视为事物或概念的视觉对应物的基础。有的时候，为避免单纯乏味，孩子会用各种方法，如不规则地画线、交叉、大面积涂色、点画等来丰富画面的效果，这种多样化的尝试扩大了孩子的眼界，从随机、偶成的交叉笔画中，孩子会发现一些形状与日常生活中的某种或某些东西有点像，就会尝试在偶发形态上做进一步的加工处理，使之更加接近实物的形态，这时候儿童的绘画中就

《线条》 大川 画 / 两岁

大川两岁多时画的线条，出现有意识的封闭线条，这表明儿童正试图控制图形的形态以表达其思想

《线条》

大川　画 / 一岁

出现了最初的、有目的的形态。这意味着最初的图与底的分离，绘画自此脱离任意涂抹的阶段，而成为孩子表达思想、寻找乐趣的重要方式，并有可能成为日常生活中不可或缺的组成部分。

《线条》　大川　画 / 两岁

大川两岁左右时画的线条，圈状轨迹流畅而圆润，这表明手的控制能力已得到有效的锻炼

《托勒密模型》

最中心为地球，从里向外依次为月亮球、水星球、金星球、太阳球、火星球、木星球、土星球和固定恒星球

《冰箱里的西瓜》

大川　画　/　四岁

大川四岁左右画的放在冰箱里的西瓜，用一个封闭的圆圈表示“在冰箱里”的概念

《太阳人》

大川　画　/　四岁

大川四岁左右画的太阳人，用圆中套圆的方式表示眼眶中的眼球

儿童最初掌握的形状是圆形，在运笔的过程中，动作越熟练，线的轨迹越圆滑。圆形是最简化的图形，“一个以中心为对称的圆，它不突出任何一个方向，可以说是一种最简化的视觉样式”（鲁道夫·阿恩海姆，《艺术与视知觉》，第235页）。简化意味着节省，而节省原则是生物基于生存需要而演化出的共有本能，儿童对圆形的偏好正是这一本能的体现。三岁以前的孩子从众多形状的物体中优先挑选出的总是圆形的东西。事实上，圆形是一种产生于运动演化、具有深刻含义的形式，从古代的宇宙观到现代人的“自我”意识都建立在一个从中心向外发散的简化模式的基础上。

借助圆形这种最简化的图形，儿童开始尝试表达一些简单的关系，最常见的是一个大圆里套一个小圆，从而体现出一种“包含”的关系，比如在大川的画中，表示眼睛的圆里还有一个表示眼珠的小圆；而在晚些时候的另一张画中，西瓜被放在一个圆圈中，表示西瓜在冰箱里。在此基础上会出现一个“太阳人”的模式：以一个大圆为中心，周围辅以一圈小圆或发散性的直线或别的什么，这个模式可以表示一个人，也可以表示一朵花、一个太阳……儿童对这一模式的反复多样化的运用是一种积极的创造，意味着多样化的事物可以用同一种模式来表达，事实上良好的模式的特征就是其尽可能包容、尽可能深入的普通适应性。从另一方面看，放射性“太阳人”的反复出现也显出儿童对秩序与平衡的兴趣与追求。

在大一点的儿童的画中，圆形的线性轨迹的重复往往是其宣泄情绪的主要图形方式，事实上，成人也一样，一位作家在写作进入困境时，会激烈地在纸上画圈以发泄情绪；而如果一对夫妻生活和谐，我们会称之为“圆满”的婚姻；若一家人能在除夕之夜聚齐，我们会称之为全家“团圆”……圆形由于其简化特征而演化出的巨大包容性，成为人类演化史上最具生命力与深刻性的象征之一：“花枝春满，天心月圆”。

《打成圆圈了》　大川　画　/　五岁半

大川五岁半时画的“好机器人把坏机器人打成圆圈了”，以激烈的画圈动作宣泄打斗的情绪

《太阳人模式》　大川　画

在圆脸基础上以线段、半圆等多种形式做发散性、对称性的处理，形似太阳人，是儿童早期绘画的典型模式之一

《小白兔》

大川　画 / 四岁

大川画的小白兔，以圆形为基本元素来组织小白兔的结构

《潜水员》

大川　画

大川画的潜水员，用一个圆圈表示潜水员的防水面罩

《破壳的蛋》

大川　画　/　三岁

大川三岁时画的破壳的蛋，用柔和的椭圆表示蛋，用锐利的三角形表示破裂的意象

《蜗牛》

大川　画　/　四岁

大川四岁左右画的蜗牛，以圈状形态表达蜗牛的壳

《格斗》

大川　画 / 六岁

大川六岁时画的格斗画面，被打败的一方总是被圈状轨迹所湮灭

《字母》　大川　画

根据视知觉的一般规律，封闭线以内的形态易被看作图，而封闭线以外的部分易被看作基底或背景。基于完形本能，大川将R、O、P、A等字母封闭线以内的部分涂上颜色

第三章／从封闭线到区隔空间

两三岁时，大川开始尝试着画一些首尾封闭的线，封闭线的出现意味最初的图与底的分离，视觉经验的一般规律是：封闭线以内的形态易被看作图，而封闭线以外的部分易被看作基底或背景。在封闭线出现的最初阶段，我们会看见幼儿所做的没有什么明确目的的多样化的形态尝试，以及通过共有界线的连接来扩展形态变化的努力。在封闭线上用笔重复描摹的现象体现出幼儿对偶得的形态的兴趣与强调，不同颜色笔触的叠加则丰富了形态的色彩变化，增强了形态的体量感。这一过程的尝试，让幼儿对视觉形态所具有的表现力有了前所未有的体验，同时幼儿手的控制能力也得到了锻炼。从自己随意画下的各种形状上，幼儿发现了偶发形态与某些日常事物之间的相似性，这一发现使幼儿意识到图形表达对应于现实生活中的事物、事件的可能，这一阶段的幼儿往往是画完之后才说画的是什么——像什么就是什么。

随着年龄的成长，到六岁左右，幼儿借用线条来区隔空间的行为便有了比较明确的动机。在很多情况下，封闭线的使用是为了加强画面的整体性，以弥补由于缺乏全局的考虑而造成的画面支离破碎的局面，区隔线的运用使得一张画面上没有什么实质性联系的单个图形或文字组构成一个有秩序感的整体，在这个整体当中，每部分保持了各自的独立性。依据整体图形最外围的轮廓线的形态，大川常将之演绎为一辆大的汽车、飞船什么的，汽车、飞船所具有的装载、容纳的性质体现了儿童试图以一种秩序化的整体样式来包容、收纳细节的潜意识动机。六岁以后，大川已能比较自如地以图形的方式来描述一种场景或一个连续发生的故事。这时候封闭线的作用又进了一步——表达空间关系或事件的进程：可以用来表达一个家庭内部的居室分布，表达一艘飞船内部复杂的舱室结构，或者表达一个完整故事的章节进程，凡此种种，不一而足。于是内容的关联性强化了各个区隔空间之间的内在逻辑，并呈现出全新意义上的整体性质。

《线条》

大川　画 / 三岁

三岁左右时大川的绘画中出现了有一定目的趋向的封闭线

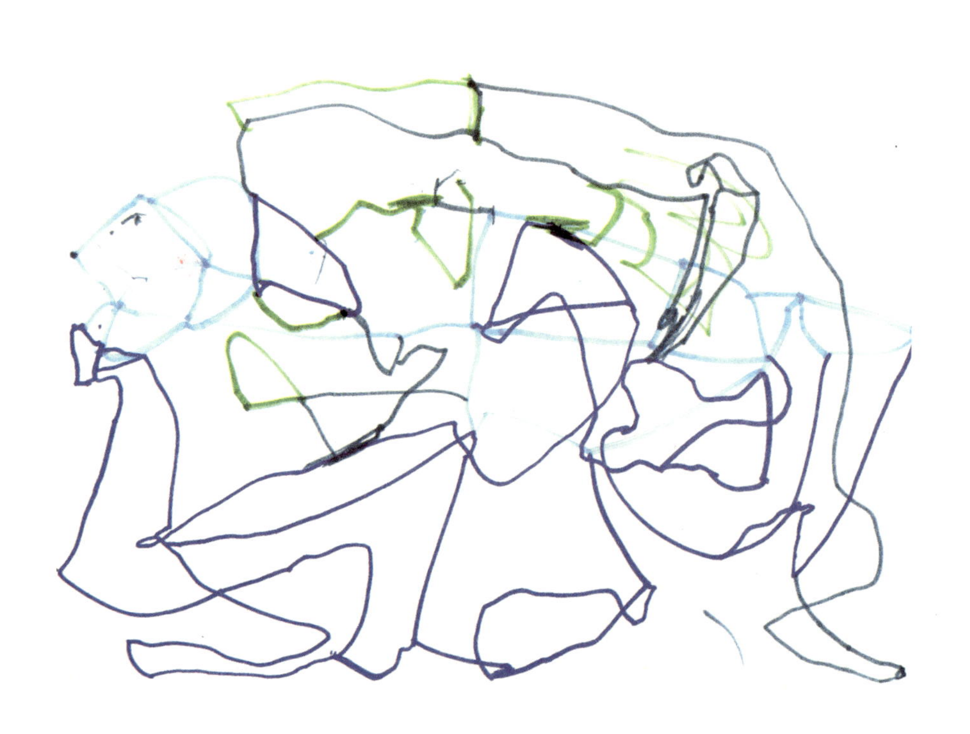

《色块》　大川　画

色块的组合让儿童体会到色彩之间的关系，以及色彩的表现力与可能性

《线条》　大川　画　/　两至三岁

肯定的笔触说明儿童建构形态时的自控能力已得到有效的锻炼，以不同颜色的笔连接、划分、组织线条，丰富了形态的结构表现。这时候的形态虽然难以名状，但较之以前的随意涂鸦，则明显体现出一种有明确动机的形态组织与结构控制，儿童正逐渐进入一个由他本人创造的神奇的图像世界

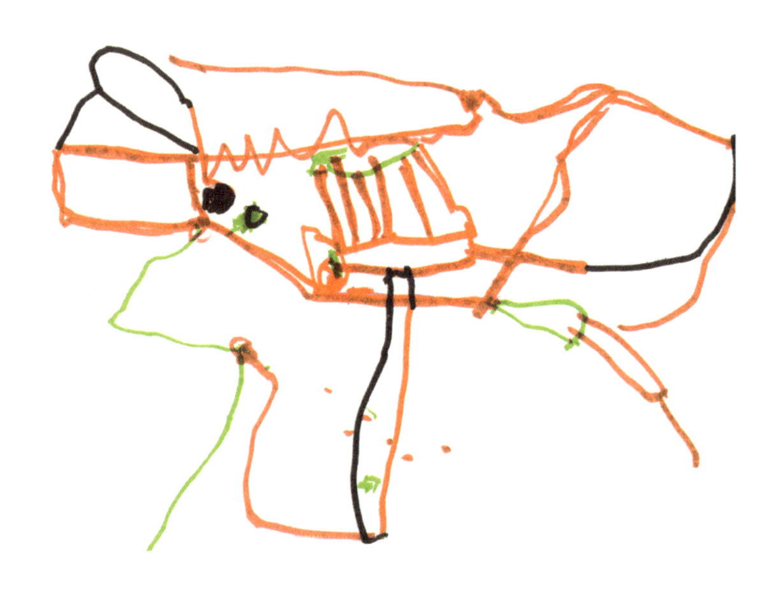

《线条》

大川　画　/　两至三岁

在原有的线上以不同颜色的笔反复描摹，既锻炼了手的控制力，又能感知到色彩叠加后的更为丰富的色彩关系

《线条》　大川　画 / 三岁

假以时日，大川渐渐画出一些似是而非的有机形态，这些形态有的是无意中画成的，有的则是基于明确动机的，比如，下面这张画的右上图形以一种水平对称的形态描绘了某种神秘的生物

《鱼》

大川　画　/　三岁

三岁时大川画的鱼，以封闭曲线来表达，稚拙的图形显示出他的手还缺乏控制力。请注意即使是早至这一阶段，儿童也已表现出对眼睛的异乎寻常的关注

《鲸鱼》

大川　画　/　三岁

三岁多时大川画的鲸鱼，以几个形状各异的封闭形组构成一个整体的形象，部分与整体的关系是儿童（也是成人）一直在面临与不断解决的问题

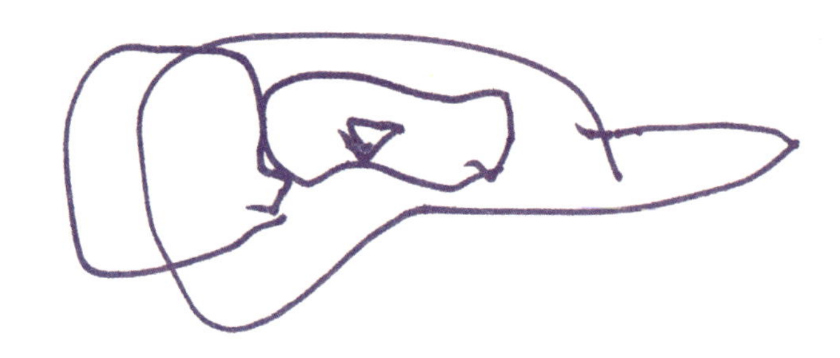

《鱼》

大川　画　/　三岁

三岁多时大川画的鱼，由几个不同形状的封闭线组成，在这个极度简约的图形中，眼睛依然是描绘的重点

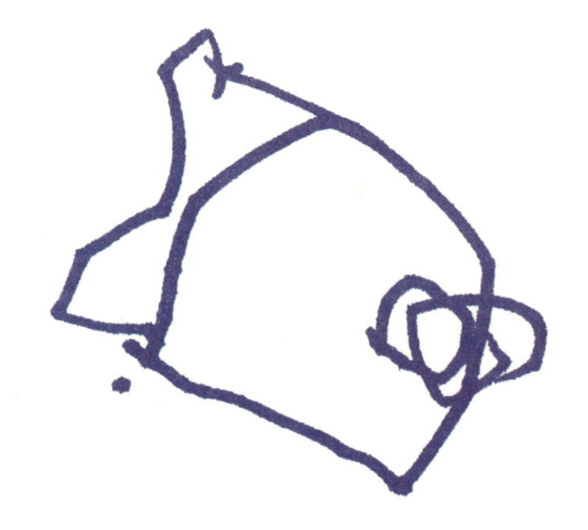

《鱼和网》　大川　画 / 三岁半

三岁半时大川画的鱼和网，以肯定、结实的色块表现鱼，以发散游离的线条表现鱼周围的网。虚与实、软与硬以清晰而感性的图形方式表达出来，三岁多的孩子所具有的感受力与表现力是成人无法想象的

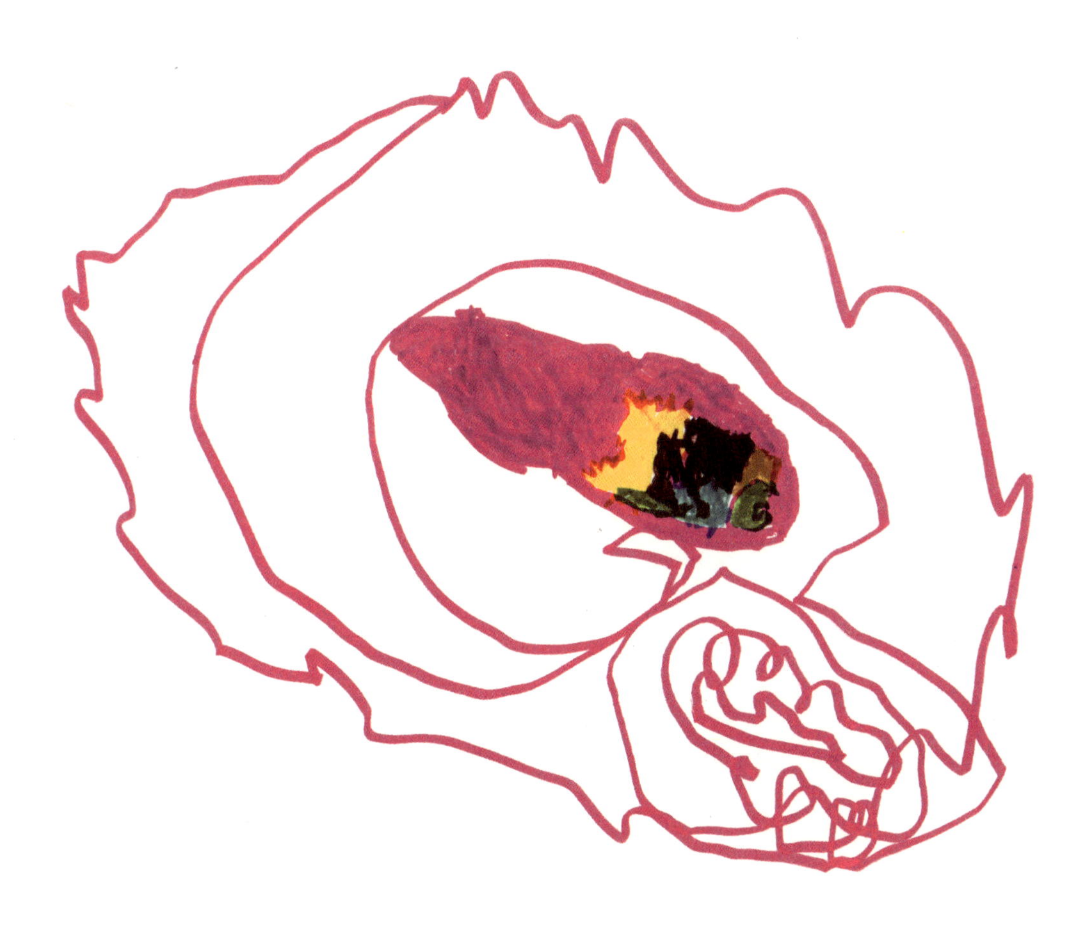

《文字汽车》

大川　画 ／ 七岁

七岁时大川画的文字汽车，他先在纸上写上几个字，然后用线进行连接，最后通过修正外形，使之成为一辆造型奇特的汽车

《居室》

大川　画 ／ 六岁半

六岁半时大川画的居室分布图，使用区隔线来划分各居室的空间，轨道状的线条则表示房间里的交通路线

《麦当劳》　大川　画 / 七岁

七岁时大川画的麦当劳餐厅的内部格局图，最后以火箭的形态收纳这些细节

《图形与文字》

大川　画 / 四至五岁

四至五岁时大川运用区隔线将几个独立的图形与文字内容加以区隔，又最终合并为一个整体

《运兽车》

大川　画 / 六岁

六岁多时大川画的运兽车，区隔线的使用使得不同种类的动物各得其所，互不干扰

《家人》　大川　画　/　七岁

七岁时大川所画，先在纸上写上“爸爸”“妈妈”“儿子”“狗”等字样作为第一个层面，再写上“贺阳是”“杭大川是”“小贝是”“小朋是”等作为第二个层面，在此基础上以几个封闭单元加以区别，每个大的单元里包含有一个小的单元，于是区隔空间呈现出分级有序、彼此关联的整体感

《战车》　大川　画 / 六岁

六岁多时所画，运用区隔线来展示战车内部复杂而有序的舱室结构

《鱼与船》　大川　画 ／ 四至五岁

鱼与船，在尚未能把握生物的基本形态的早期阶段，大川已表达出对眼睛的特殊兴趣。黑色的鱼身上刻意留出一点白色，便是眼睛的位置所在

第四章／眼睛的重要

人类的瞳孔极具表现力，当母亲注视婴儿时，瞳孔会变大，现出充满爱意的奇异光泽，初生的婴儿通过目光与母亲进行最基础也是最深奥的心理与情感交流，眼睛是他进入情感世界的奇妙通道。在大川四岁以前的绘画中，随着封闭图形的出现和演化，最早的生物形态出现了：有的像人，有的像鱼，有的像爬行动物……这些形态中有一个共同的突出特征就是眼睛，眼睛是每一种生物形态的“神”，它是如此突出而肯定，以至于我们一眼就可以从纷乱复杂的形态中将之识别出来。另一方面，从眼睛诞生之日起就呈现出形态表现的多样化：有的眼睛只是两点，有的是两个圈，有的则是圈中套圈……在形态处理极度简约的儿童早期绘画中，这种极罕见的对细节的热情关注以及不厌其烦的描绘，使我意识到人类的眼睛一定隐含了极其深奥的心理以及演化的意义。

今天当我按时间的先后顺序排列大川有关眼睛的作品时，我看到眼睛从纷乱复杂的形态中浮现并逐渐演化，最终以对称的形态与鼻子、嘴巴构成稳定的脸部模式，两眼构成的轴线角度决定了整个人体的姿态与方位的变化。

《脸》　大川　画　／　三岁

在这张大川所画的人脸中，眼睛以方中套圈的方式来表达

大川　画　/　七岁

在本页这两张大川七岁时画的作品中，眼睛的结构开始体现视线的方向

大川　画　/　七岁

此图右侧还罗列了刷牙用具，以和嘴中的牙齿对照

大川　画　/　三至四岁
(左页图)

三至四岁时，大川还画不出比较明确的图形与结构，但眼睛的表达已经非常清晰

大川　画 / 七岁

大川画的各种人物形象，请注意眼睛的结构与表达从一开始就呈现出丰富多样的特征

《朵朵》　大川　画 / 七岁

这是暑假时大川在南京画的朵朵。朵朵是大川的表妹，眼睛上的蓝紫色细微地表现了朵朵略显忧郁的神态。右边的猴子代表朵朵的妈妈，因为朵朵的妈妈是属猴的

大川　画　/　三至四岁

大川三至四岁画的人，尽管形态各异，但有一个共同的特征就是没有躯干。左下图将两条腿延展折弯，兼具躯干的作用，加强运动感，以突破没有躯干的表达局限

第五章/丢失的躯干

降生仅九分钟，婴儿就喜欢关注妈妈的脸；平均只需两天的时间，大多数的婴儿就能识别出自己母亲的脸。有脸的生物，其脸部的排列模式基本一样，眼睛是对称的，嘴永远长在眼睛与鼻子的下面，这种基于演化的力量而获得的恒常性与普遍性，是儿童建构脸部图形模式的重要基础。四岁左右大川已能画出比较明确的人的脸部，它的基本模式是，顺时针画一个圈，加上对称的两点，再在下方居中加一点表示鼻子，加一弯表示嘴巴。之后几乎所有的儿童都会经历一个圆圈（代表脑袋）加四根棍子（代表四肢）的人体图式阶段，这一图式的表现方式各不相同，但有一个共同的特点就是没有躯干，有些学者认为圆圈可以同时代表头部与躯干，臆想儿童使用图形单元的特殊方式来解释这一现象显然不够充分，据我个人的见识，我以为无躯干的原因也许与幼儿的视点角度以及心智水平有一定的关系，现分析如下。

大头的原因

婴儿在其生长过程中最长时间、最近距离接触的是母亲的脸，根据一般的表达逻辑，重要的当然被描绘成最大的。

无躯干的原因

幼儿很矮，需仰头才能看到母亲的脸，由于仰视造成透视缩短，使得躯干形态变形，从而造成幼儿视觉感觉上的含混不清。在与幼儿交流时，为了听清幼儿的语音，母亲常常俯身接近儿童，而弯腰往往造成极度的纵深透视，使得躯干视觉缩短甚至消失。另外，躯干与人体的四肢、颈部相连，并没有一个明确、独立的轮廓，在人体运动过程中，躯干的形态由于扭转更显得复杂而多变。所以，对于幼儿而言，躯干具有形态易变、视觉特征不清晰的特点，要将躯干简化成为一个有明确形态的视觉元素，则需要幼儿能在一个动态性的整体高度上理解躯干与四肢的正确的位置关系以及相互的连接关

大川　画　/　四岁

大川四岁左右在给妈妈画嘴巴的基础上加上眼睛、鼻子与头发，躯干则以一条线来表示，即使在这一阶段，手指的数目竟然一丝不苟地表达清楚

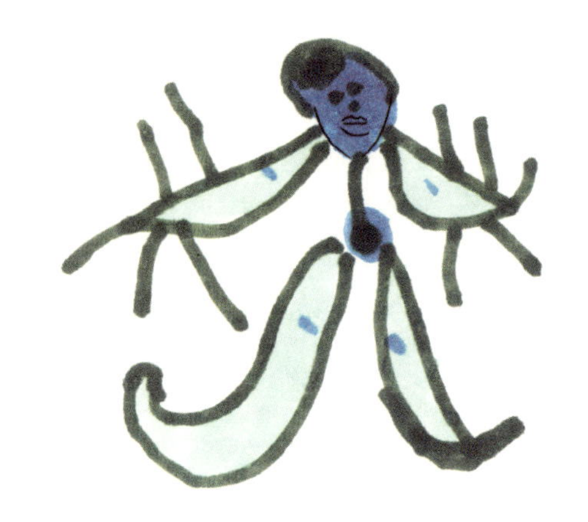

《女孩》
大川　画　/　五岁

大川五岁左右画的女孩，在身体上多加的一个线框表示裙子

系，而这一要求显然超过了幼儿的实际能力，在其绘画中避免、忽略这些视觉上的不稳定因素是符合幼儿的心智水平与生理特点的，视觉的选择性要求生物将其注意力集中于那些与其生存息息相关的事物的特征之上，对于幼儿来说，妈妈的脸就是一切：安全、快慰、喜乐……

大川　画　/　三至四岁

在这张没有躯干的人物画中，手的五指特意用蓝色标记，显示出儿童对手指数目的关注

躯干的出现

对于躯干出现的主要原因，我认为是表达的需要，随着观察的深入以及表达的多元化，儿童不再满足既有的单调僵化的人体图式，引入躯干之后，可以更合理地安排手臂与两腿的关系，让人体更具表现性、多样化及运动感。躯干在儿童绘画中的意义是：一个人体基本结构的中心轴，可以基于此来安排各种对称元素。在大川的一张画中，躯干以一根线的形态出现，正说明了这一点。随着儿童的成长，画中人体的其他部分：脸部、手部、腿部等不停地发生着变化，而躯干依然保持长方形的基本形态。当然躯干偶尔也会变成三角形什么的，但这只是为了表示穿了不同的衣服而已，真正意识到躯干的形态以及形态变化所带来的微妙韵味是很晚的事，而人对脸部的着迷则是从生到死，永无休止。

大川　画 / 五岁

大多数儿童画中的早期人体结构均以“水平－垂直”的基本模式表达

大川　画 / 五岁

大川六岁以前画的躯干基本上以长方形为主，偶尔也会有些变化，这与表达的主题有一定的相关性，如右下图的“鸭子人”的躯干就是一例

《飞船》　大川　画 / 六岁

色彩的线面交织不仅增强了对称结构的复杂性与难度，同时给画面带来一种奇妙的空间感受，仿佛飞船是立体的。这是由于不同色彩的光线波长不同，加之明度、纯度的变化而给眼睛造成了具有前后层次的错觉。而飞船所具有的钻石般的结构特征，使之就像一颗有奇异光泽的太空飞船

第六章 / 对称的秘密

大川四岁时，有一天在院子里看见一个只有一条腿的拄拐学生，他惊讶地、有点结巴地对我说：“叔叔，腿？……”这一幕给我留下极深的印象，为什么面对一个独腿人，大川的反应会如此的敏感与激烈？

对称是儿童绘画中一个突出的特征，大川的画也不例外，令我惊异的是，很小的时候，大川就能表达出复杂的对称结构，而且着了魔般乐此不疲，尤其是在描绘飞船、火箭、机器战将这类大川视为高端、神奇之物的时候，无论是结构还是色彩上，都呈现出高度组织、精心安排的对称样式，为什么大川要赋予这类机械结构以复杂而对称的样式呢？ 是否只有高度组织的对称结构才是儿童心目中完美高端的视觉样式呢？为什么儿童在“水平 – 垂直”阶段所画的所有人物，无一例外地以中轴对称的形态来表达，甚至落笔的顺序也是对称地进行？

在人类文明之初，人们就发现决定形态完美、和谐的重要特征之一就是对称，无论对象是一片树叶、一只甲虫还是一位美人。科学家认为对称性源自作用于物体上的力及力的方向的均衡。在生物界，不对称往往是由于不良环境因素造成的，如污染的水中会出现不对称的鱼，寄生虫的困扰会导致鸟儿本该对称的羽翼变得长短不一。在大川的画中，我发现怪兽、妖魔、坏人往往以一种任意扭曲的形态来表现，而难以名状的形态绝少与勇士、胜利者等正面人物或事物相联系。

自 20 世纪 90 年代始，科学家开始关注对称与性选择之间的关系，一只动物的对称性越好，其免疫系统和基因适应性越强，健康状况也越好，因而越易于被雌性选中，动物择偶时所体现出的这种对对称性的本能偏好，显然蕴含着与生存息息相关的重大秘密。事实上，在自然界，从极精微的 DNA 的螺旋结构到宏大的原始星云的旋臂结构，对称的结构无所不在，对称的方式变化无穷；在浩如烟海的人类文化遗存中，从十字架到大卫之星，从万字符号到太极图形，人类对

大川　画　/　三至四岁

早至三四岁，在大川的画中已出现对称形态的无名生物

《男孩》

大川　画　/　六岁

裸体的小男孩，从四肢到指甲，均体现出大川对对称细节的关注与好奇

对称的着迷与感悟的印迹同样是俯拾皆是。这一切都隐含着这样一个事实，自然的存在方式与我们的感知方式是一致的，这也许就是对称向我们昭示的基本含义。

《好人与坏人战斗》　大川　画

在这幅画中，坏蛋以不对称的正面形态出现，而中间的好人则持双枪以侧面的姿势出现

《打怪兽》

大川　画 / 五岁

怪兽以不对称的形态出现，飞船中的战士以异能之光击中怪兽的头部

《机器战将》

大川　画 / 六岁

有时对称可以是这般的孔武有力，大川以复杂的对称结构表达机器战将的力量与完美

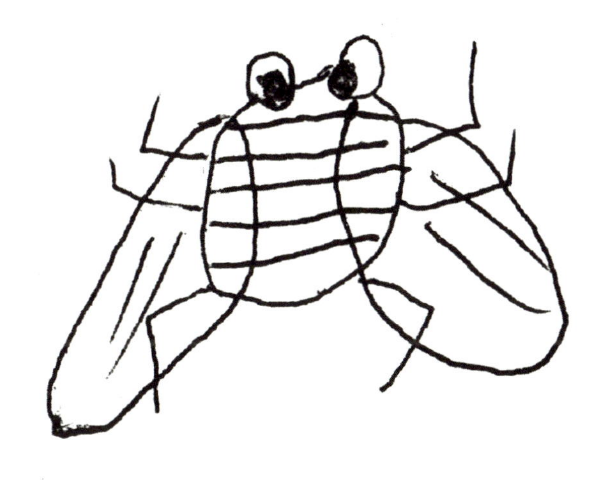

《苍蝇》

大川　画　/　四岁

大川四岁左右画的苍蝇，细致地表达了对称的眼睛、前足、后足以及翅膀等，腿足的折弯对称需要更高的心智水平才能完成

《滑翔机》

大川　画　/　七岁

大川七岁左右画的滑翔机。机体与人均左右对称，不仅神似，还有复杂的结构设计与机械美感

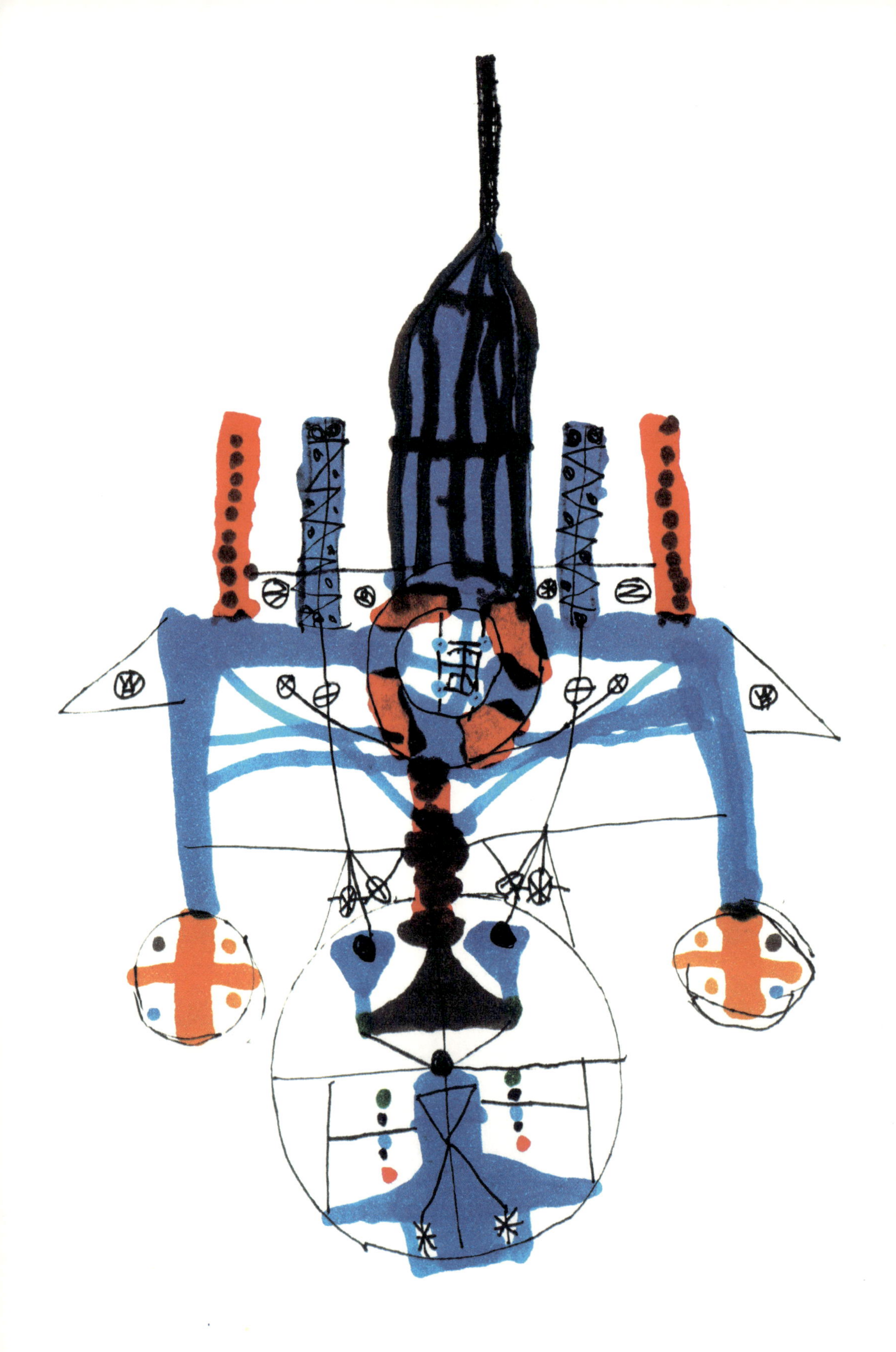

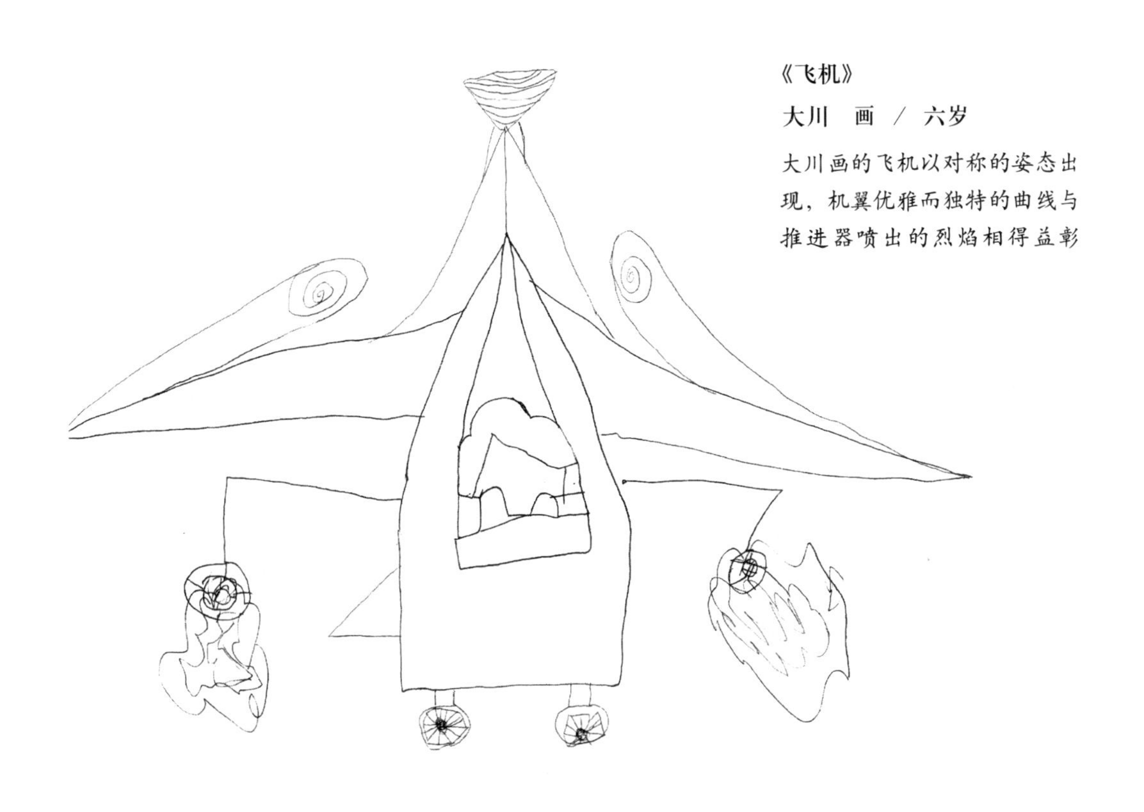

《飞机》

大川　画　/　六岁

大川画的飞机以对称的姿态出现，机翼优雅而独特的曲线与推进器喷出的烈焰相得益彰

《飞船》　大川　画　/　六岁半　（左页图）

大川六岁半时画的飞船，将中轴对称的复杂性与美感发挥到了一个新的高度，以黑线勾勒主要结构，每一个细节都体现出令人感叹的精确对称。色彩方面，基于蓝色主调，以红色、橙色进行局部点缀，同样一丝不苟，严格对称。最令人满意的是，虽然大川工于细节处理，但整体形态却没有失之细碎，而是大气磅礴，举重若轻。整体画面体现出儿童对复杂的对称结构的着迷与非凡的组织能力

《外星人》

大川　画　/　六岁

大川六岁左右画的外星人（没有鼻子和嘴）手持太空枪以对称的姿态出现

《鳄鱼》

大川　画　/　六岁

大川六岁左右画的鳄鱼，以人的造型出现，脑袋上有黑点，身体有纹，足有蹼，均做对称表达

《飞船》 大川 画 / 六至七岁

以折线表现飞船的对称结构，折线在沿中轴水平翻转后，导致方位左右变化，即使是成人在画这类对称时也容易出错，但儿童却能自如地应付这类复杂的形态变化，的确叫人惊讶

《见面》

大川　画　/　七岁

第七章／侧面

几乎所有的儿童一开始画的人都是正面的、左右对称的，对对称的特殊偏好是基于生物性选择的原始本能，这一点我们在“对称的秘密”一章中已做了简要解释。到六岁左右，大川开始画侧面的人脸，侧面人的出现基于两个基本诉求：一是交流的需要，二是表达运动感。

在引入侧面人脸之前，大川画中的两个人——无论是两个相互爱慕的情侣，还是一对正在厮杀的对手，都是处于一种缺乏顾盼、僵立前视的孤立状态，正是由于对这种局面的不满意，才促使大川尝试去画侧面的人。由于侧面的人脸带来了左右视线的方向变化，原有的不相干的孤立状态便转化为互动的顾盼关系，再加上手臂、腿部的动作变化，便极大丰富了人物间的关系表达。另一方面，大川将人的腿姿画成弯曲的“V”形，人体的姿态便由静止的直立状态走向倾斜的运动状态，这一变化对于儿童绘画来说是一个重大的形态突破。在侧面人出现的早期阶段，大川画了大量的格斗场面（显然是受武侠电影的影响），胜利者总是以侧面的姿态出现，而失败的一方（无论是坏人还是怪兽）往往以正面的姿态出现。侧面的灵动多变终于战胜了正面的僵硬静止——这也许就是儿童要告诉我们的喜悦与兴奋。

《修车的跑车手》　大川　画　／　四至五岁

五岁以前，大川画的驾驶员的脸都是以简单的圆点或圆圈来表示，本图描绘了一个戴头盔的车手在检修跑车

《喝酒的人》

大川　画　/　五岁

《两个三只手的机器人在吃花蛋糕》

大川　画　/　六岁

大川刚开始画的侧脸只是一个圆点或圆圈，五岁以前他所画的驾驶员的脸都是以这样的圆点或圆圈来表示。五岁左右，有一天大川突然在一个圆圈的侧面增添了一个小圈表示鼻子，在圆圈内又加上一个黑点表示眼睛，再加上一弯表示嘴巴，于是侧面的脸略具雏形（见左页《喝酒的人》）。

在《两个三只手的机器人在吃花蛋糕》一画中，表示脸部的圆圈与表示鼻子的圆圈相互重叠，但这一暧昧的重叠时期极其短暂，很快大川就将这一表示鼻子的圆圈以及表示耳朵的半圆明确地画在脸部的外缘并从此固定下来，这一模式的建立再次证明避免部分与部分的重叠是早期儿童绘画的重要特征之一。到七岁，大川开始将耳朵画在侧面脸部以内，耳朵、眼睛、嘴巴的形态也多了一些细节变化，这一现象表明儿童绘画从注重“原理表达”走向对事物的实际形态的关注。

《好人与坏人战斗》　大川 / 画

在侧面人出现的早期阶段，大川画的大量的格斗场面中，胜利者总是以侧面的姿态出现，而失败的一方往往以正面的姿态出现

大川　画 ／ 六岁

大川笔下表示奔跑的“V”形腿。

大川画的侧面人的另一个重要特征是“V”形腿，一条表示奔跑的“V”形腿为人体带来动感变化与活力，这个“V”形腿的视觉模式显然源自于奔跑中的人的抬腿动作，这就带来了一个有趣的问题，为什么迟至六岁左右儿童才能以视觉的形式捕捉到这一日常生活中最常见的肢体动作？另一个现象是，从正面人到侧面人的演进过程是跃进式的，而不是慢慢过渡式的，也就是说大川在没有什么铺垫的情况下突然画出侧面人脸及“V”形腿的雏形，这种瞬间的改变或跃进常使我困惑不解，这种没有过渡的图形“缺环”是否暗示着人类智力演进的某种特征？一旦我们意识到儿童绘画是人类心智发展的视觉反映，就会从中感受到无数的疑问与困惑，从一种积极的心态来讲，这些疑问与困惑带来的则是无数的机会与可能，而其意义远远超越了儿童绘画的层面与范畴。

大川　画 / 六岁

武士带着他的机械神雕与怪兽决战

《情人》　大川　画 / 六至七岁

在掌握了侧面形态之后，大川画中的两个人——无论是两个相互爱慕的情人，还是一对正在厮杀的对手，都由起初不相干的孤立状态转化为彼此互动的交流状态

《武士迈克与对手金刀》
大川　画 / 六至七岁

《侧面人》　大川　画 / 六至七岁

大川画中的侧面人物的耳朵一开始是在脸部的轮廓线以外，到六七岁时，耳朵才被画在脸部的轮廓线以内（耳朵的实际位置），这表明儿童由重“原理表达”走向对特定视点状态下事物的实际形态的关注

《马车》 大川 画 / 六岁

在这张画中，为了有效表达人、马、车之间的组合关系，大川使用了一种“凹进”的图示方式，马车的右端凹进一块位置让驭手坐下，马的颈部与背部相交处恰好容下人与车的空间，这样既避免了人、车、马彼此相交可能导致的混乱，又清晰有效地交代了人、马、车之间的控制与被控制的关系，思维方式与相应的图形形态的同一性由此可见一斑

《人过桥》

大川 画 / 六岁

在“人过桥”这样的有多重关系组合的画面中，人浮在桥面上，桥也悬空在河面上，人、桥、河彼此分离，并不重叠

儿童画画的顺序常常是将一样东西或一种关系分解，一部分、一部分地完成，部分与部分之间要么分开，要么排列成一种最简单的关系，比如画一个正面的人，大川常常是先画一个圈，然后画眼睛、鼻子、嘴巴、头发、耳朵……头彻底画完后，再画躯干，接着画躯干上的衣服、领口、口袋等细节，然后再画左臂、左手，再右臂、右手……最后人以一种“垂直－水平”的简单关系表现出来。

在大川五岁时，妈妈给他画了一片雪花，大川照着画了一遍（见下图），大川画的雪花证明了简化分解是儿童处理复杂关系的手段之一。在“人过桥”这样的有多重关系组合的画面中，人浮在桥面上，桥也悬空在河面上，早期儿童绘画的一个重要特征就是力图避免形态的交叉与重叠，让一件东西或一种关系的每一个部分都以一种清晰的、不受干扰的独立姿态展现出来。这并不意味着儿童在早期阶段对事物没有一个整体的概念，事实上，儿童在画一个正面的人体时，身体的左侧与右侧对应着画就体现出基于对称性的整体意识，但由于这一时期儿童的心智水平尚处于皮亚杰所谓的自我中心（指儿童不能从别人的观点来看待事物）的“前运思期”（preoperational period），无法同时兼顾多个要素及

《雪花》　大川　画 / 四至五岁

左图是妈妈画的雪花，右图是大川画的雪花。大川将雪花的构成要素予以分解，简化关系，纵向排列，从而避免了雪花复杂的向心结构与主次关系，儿童对图形的分解与重构是一种创造性地解决复杂问题的方法

《射箭的妈妈》

大川　画　/　五至六岁

为避免右臂与身体重叠，大川将右臂从头上绕过，箭杆同样为避免与身体重叠，也以曲线方式绕过头部，这样以一种看似异常的姿势表达了射箭的概念

《射手》

大川　画　/　六岁

六岁左右，大川画的射手，右臂不再像之前绕过头顶，而是以正常的姿态与身体重叠，这样，在手臂与身体相交的部分就出现了一个彼此穿透的“透明”区域

相互间的关系，故缺乏把一个复杂的事物或多重关系梳理成一个有等级秩序的整体样式的能力。

在描绘射箭的妈妈时，为避免右臂与身体重叠，大川将右臂从头上绕过，以一种异常的姿势表达了射箭的瞬间，六岁左右，大川画的射手，右臂不再像之前绕过头顶，而是以正常的姿态与身体重叠，这样，在手臂与身体相交的部分就出现了一个“透明”的区域,说它“透明”，是由于这一区域既属于手臂部分又属于身体部分，两部分互不相让而造成彼此穿透，使人难以分清手臂与身体的前后关系，从而造成视觉传达上的含混与暧昧。

《两人抬桌子》

大川　画 / 五至六岁

为了避免手臂对桌子形态完整性的干扰，手便被置于桌腿底部。这并不意味着大川真的认为人就是这样抬桌子的，而是基于年龄的限制所激发出一种图形上的变通表达

在大川六岁半左右，有一天他画了两个穿披风的侠客(见下页),画面上方的侠客依然处于“透明”状态——手臂与披风彼此穿透，而下方的侠客则发生了质的变化——手臂遮挡了部分的披风，这样手臂与披风终于有了清楚的前后关系，这种空间关系的获得是以披风的部分形态被遮挡而实现的，这意味着儿童在心智水平上意识到一种整体关系的建立必须以部分的妥协与退让为前提。从视知觉的角度来讲，一种前后关系的建立是通过一个单位（手臂）的完整性对另一个单位（披风）的完整性的干扰（或侵入）来实现的。这一年大川六岁半，进入了和平里中心小学,成了一名小学生,学校里的“规矩”正迫使大川迅速放弃幼儿园时期的随意与依赖,“自我中心”的个体意识开始让位于克制、协作的群体意识。通过以上分析，我们可以看到图形关系的演进与儿童心

《两个穿披风的侠客》　大川　画　/　六岁半

上面的侠客，披风与手臂彼此穿透；下面的侠客，手臂遮挡了部分披风

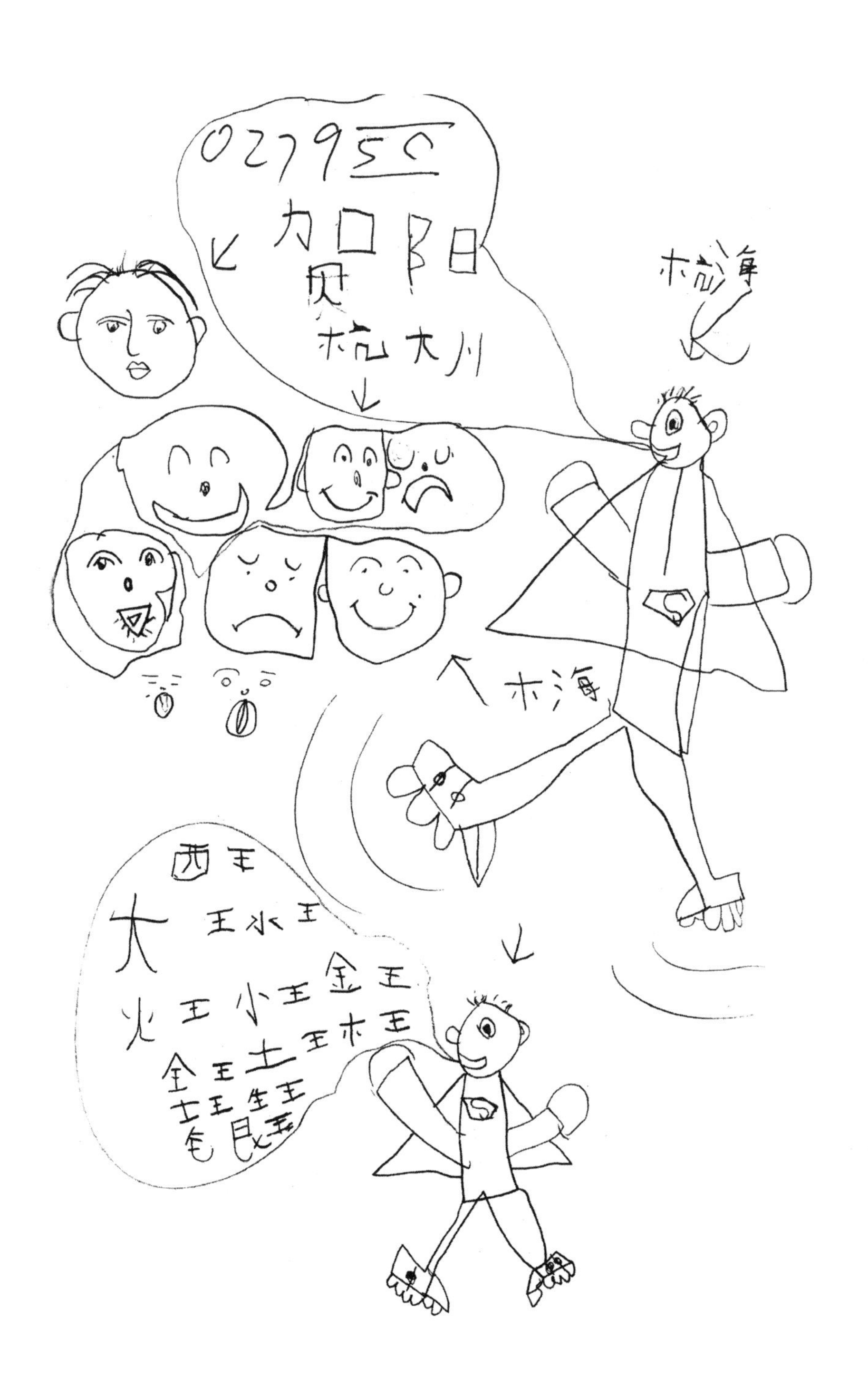

智发展的同一性，以及儿童周围环境的变化对其图形模式的影响力。

在此后的大川的作品中，我们既看到为了整体的图形关系的建立而做出的部分形态的割舍与避让，同时我们也发现“透明”的表达依然存在，基于周遭的情势或境遇的不同，两者或并行不悖，或互有消长，这一特性尤其体现在较复杂主题的表现之中。关系的建立与协调无论是在图形关系中，还是人际关系中都是一个持续的、有反复的演化过程，通过儿童绘画的阶段性变化，我们看到儿童心智发展的复杂历程，并见证了心身同一理论的动态性质。绘画自此不再只是娱悦性情、培养趣味的美育手段，而且也成为儿童创造性地表达其思维与情感的最主要、最有效的媒介，对家长而言，儿童绘画更是展露儿童心灵变化的晴雨表与风向标。

《交警》

大川　画　/　六岁

戴小锡兵帽子的交警在指挥交通，腿部与岗亭的基座彼此贯穿，形成透明区域

《电视塔》　大川　画　/　五至六岁

画面中央的圆圈为电视塔的基座，圆圈上方高起的竖线为电视塔，圆圈下方为阶梯，都是为避免重叠而采取的彼此分离的画法，基座周围的竖线是表示彩灯，彩灯被画在基座的边缘线以外以避免焦点透视常见的视觉重叠与畸变

《摩托车手》　大川　画　/　六至七岁

车手的身体遮挡了部分车身，让我们清楚地看到人在车前，这一处理手法表明儿童已经意识到一种关系的建立所需要的部分的妥协与退让，而车手的两腿与车身的重叠部分却依然是一种彼此穿透的透明状态。在处理摩托车手的手臂时，为了避免手臂与身体重叠，大川将两只手臂并排放置在身体的左侧，这样就给侧面的身体腾出地方来放置车手那醒目的标志。特别有意思的是车手的头盔与脸的关系的处理，由于意识到头盔要戴在头上，必然会挡住脸上的五官部分，于是大川先以铅笔画下头盔与脸的基本的里外关系，然后换了一支黑色的水笔，将眼睛画在了头盔上面，鼻子画在了头盔外面，嘴巴依然待在脸部的原有位置。在这里，我们看到了当脸部模式与头盔形态发生冲突时，儿童表现出的灵活与机智。

另一个需要注意的地方是，摩托车身是侧面视点，而前端的车灯则是俯视对称的视点，这种不同视点结合，相比较于焦点透视，有助于清晰表达车的实际结构与基本概念，多视点结合在中国汉字造字方法中常见，如甲骨文“车”字。

在这张小小的画中集中了“透明”与遮挡、重叠与避免重叠的矛盾意象及其有趣的处理手法，再一次说明六岁左右是承前启后、具有分水岭意义的儿童智力发展的重要阶段

甲骨文“车”字

《骑自行车的人》

大川　画　/　五岁

大川五岁左右画的骑自行车的人，人与车之间复杂的控制与被控制的关系导致形态表达上的含混不清

《骑自行车的人》

大川　画　/　七岁

大川七岁时画的骑自行车的人，车与人的模式以一种彼此分离的孤立状态表达出来，人车之间所具有的前与后、控制与被控制的等级关系显然还未得到妥善解决。样式的复杂程度极大地影响着儿童对图形关系的控制能力，这一点对成人画家也是一样

《骑自行车的人》

大川　画　/　七至八岁

大川七至八岁时画的骑自行车的人，较好地解决了人与车之间控制与被控制的关系的视觉表达

《摄像的人》

大川　画　/　七岁

七岁的大川显然还难以对付这类题材的表现，在图中，摄像师的脑袋开始时是以常规的侧面人像的模式画出的，然而却难与摄像机建立一种密切关系，于是大川将头涂成红色，又在头与摄像机之间涂了一个小的红圈，从而连接了摄像机与人脸，摄像机的镜头与顶部的取景框以绿色标识，内部的磁带以红圈加绿十字来表达，符号性的图形表达体现出儿童重视原理阐释的心理倾向

《椅子》

大川　画　/　四岁

大川四岁多时，有一天我为了向夫人描述在古董店看到的一把榆木椅子，在纸上画了一个椅子的示意图，大川对此发生了兴趣，就照着画了一遍，扶手、椅腿以对称的形式展开，彼此互不遮挡。这个例子展示了儿童是如何将一个有一定透视关系的图形转化为一个中轴对称、部分与部分之间不重叠、不遮挡的简化图形

《想象箱子里面有宝石》　大川　画　/　五至六岁

标题“想象箱子里面有宝石”提示是看不见宝石的状态，所以用一连串圆圈表达想象的状态，最后一个圆圈里有一个宝石，同箱子里的是同一个。但画面中的宝石却装在透明的箱子中一目了然

《开炮》　大川　画　/　五至六岁

炮膛里的炮弹可以从外面看见，这一阶段的绘画表现儿童重视原理表达与概念呈现，而不顾及事物实际的表现性

《手》　大川　画 / 五至六岁

在手的轮廓线以内，大川以递进的方式一层层地描摹手的形态，从画面中可以看到儿童为避免不同的彩线重叠所做的努力。五个手的指甲以彩球的模样立在指尖上，而没有画在指头的背部——指甲的实际位置上，这是为了避免指甲与指头的重叠，因为重叠会造成指头被指甲遮挡，形态不完整，保持各个部分的独立与完整是这一阶段儿童绘画的一个重要特征

《小老鼠控制机械鼠》

大川　画　／五至六岁

《穿裙子的女孩儿》

大川　画　／　五至六岁

裙子与身体重叠，呈现出“透明”特征

透明性

透明性是儿童绘画的一个突出的特征，它的出现从四岁开始一直延续到七岁左右，之后还会时不时地出现。透明性的形式主要有两种，一种是儿童仿佛有“透视眼”似的，会画出猫肚子里的猫宝宝、包里的物件、枪膛里的子弹等；另一种是儿童在处理两个发生关系的事物时，两个事物互不相让，彼此穿透，从而呈现出一个“透明”区域。

《猫妈妈肚子里的猫宝宝》
大川　画　/　五至六岁

皮亚杰曾说过，“透明性”的出现是由于儿童“只描绘原型的理性属性而不考虑视觉透视”（《儿童心理学》，J. 皮亚杰、B. 英海尔德著，第 51 页）。四至七岁的儿童的图形表达处于将事物的关系、原理说清楚的概念层面，而不太顾及视觉特征上的合理性与常态。“透明性”有时会使得相互关联的事物之间发生冲突，从而导致视觉传达上的含混与暧昧，但就思维、艺术趣味的层面而言，“透明性”的世界里充满了迷幻的思辨色彩。在我们亲历其中种种矛盾、冲突的意象的同时，也体会到事物、事件的独立性、完整性的消融与瓦解，以及诸事物、事件的相互贯穿与渗透，“透明性”有力地冲击了现实世界的真实的视觉感受，强化了精神层面的怀疑态度与虚幻感受。在现代设计中，“透明性”是建构前卫、时尚性质的重要方式之一。

《船舱里的人》

大川 画 / 六岁

《潜望镜》　大川　画 / 六岁

这张画是大川六岁时画的，描述了潜艇船员通过潜望镜观察海洋中的鱼。大川用三段连续的管状通道将舱室里的船员与舱外的潜望镜联系在一起，为了强调视线方向，大川在鱼与潜望镜之间画了一根曲线。类似潜望镜意象的描绘，有助于儿童将一个并非日常生活中能观察到的科学原理以图形的方式加以澄清，训练了思维，拓展了眼界

《倾斜的烟囱》

大川　画　/　五岁

六岁以前大川画的倾斜的烟囱

《垂直的烟囱》

大川　画　/　六至七岁

六七岁时大川画的垂直的烟囱

倾斜的烟囱

六岁以前，大川画的烟囱都是倾斜的，而不是垂直的，事实上倾斜的烟囱在儿童早期绘画中是一个普遍存在的现象，其原因在于，儿童在处理部分与部分的关系时，只能照顾到相近的直接关系，而缺乏在一个更大范围、更大系统里去看待事物整体或间接关系的能力。就烟囱而言，儿童发现烟囱是垂直地立在房顶上的，于是将烟囱与房顶的斜面（大部分儿童画中的房顶都是三角形的）垂直相交，就局部关系而言，这种表达无疑是正确的。但在一个由烟囱、房顶、墙壁、地面构成的更大的组合系统中，我们只有超越屋顶，以地面为参考，让烟囱与地面垂直，才能准确表现出烟囱与房顶斜面的实际的角度关系，这样一来，烟囱与房顶的角度关系就必须由垂直变成倾斜，才能获得真正的“垂直”，也就是说用局部的“不合理”换得整体关系的合理性。六七岁时，大川的画中出现了正确的、垂直于地面的烟囱，这意味着此时儿童的心智水平已从只有简单或直接关系组成的局部性思考扩展到多重关系组成的整体性思考。

《倾斜的烟囱》　大川　画　/　四至五岁

六岁以前大川画的烟囱都是这样倾斜的，几乎无一例外

《二郎神与哮天犬》

大川　画　／七岁

哮天犬的身体与四肢以连续的封闭曲线表现，前腿与后腿结构的复杂性与关节方位的多变需要更高的心智水平才能应对

封闭曲线

封闭曲线似乎是儿童绘画过程中的一种特殊状态。一般而言，儿童绘画是以整体分解的方法，一部分、一部分地完成某一题材的描绘，有时部分与部分之间以共有界线连接，但依然可见明显的部分与部分不相重叠的独立性质。而封闭曲线则是指儿童用一根连续的曲线将多个部分组构成一个整体，这种方式具有更高的整体性质、更强的视觉张力，当然也要求儿童具有缜密的、俯瞰式的眼光，去整体把握部分与部分的衔接关系，而不是完成了一个部分之后，再走向下一个部分。封闭曲线可以看作智力发展的一个更高的层面，但它的出现和发展并不与儿童年龄的增长有直接的关系，实际上，封闭曲线不仅出现在较大的孩子的绘画中，同时也时常出现于三至四岁甚至更小的孩子的绘画中。

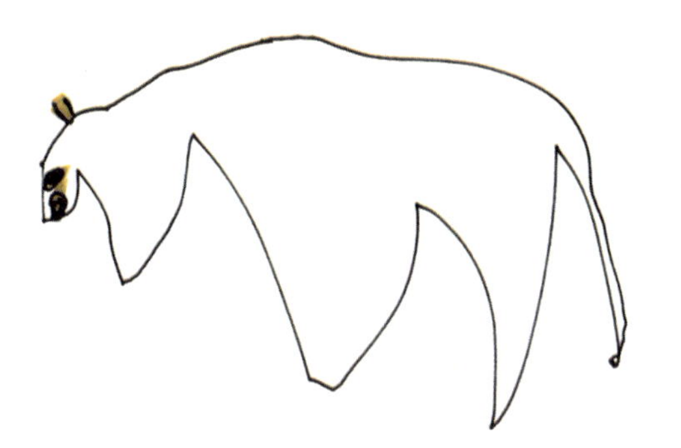

《动物》

大川　画　/　五至六岁

五至六岁时大川画的动物，以概括性的封闭线表达，仅仅在头部做细节描绘

是选用封闭曲线的方式，还是以部分相加的方式来表达某一题材，取决于该题材的性质以及儿童当时的心情。封闭曲线的出现似乎具有较大的随意性，并无逻辑可言，但却暗示了心智发展过程中儿童对于周遭环境的态度的两极：一端是试图分解、穷尽事物或事件的每部分的细节与内幕，这种潜在的动机构成儿童绘画的主要形态——以整体分解、部分相加的方式建构某一事物或事件的意象；另一端则是试图最大限度地领略事物或事件的全貌以及整体意义上的组织关系，封闭曲线的偶尔浮现可以说是这种更深邃的潜在意识的图形表达方式之一。

《恐龙》

大川　画　/　三至四岁

三至四岁时大川画的恐龙，身体以连续不间断的封闭曲线构成，曲线以外用简单的线条表示四肢与角

《马》

大川　画　/　七岁

七岁时大川画的马，采用连续的封闭线构成，与上图不一样的地方在于，身体与四肢由一根线构成

《大象》

大川　画　/　六岁

六岁左右大川画的大象，腿部过多的折线处理让大川的封闭线构成出现失误

《大川关系图》　大川　画 / 六岁

在这张大川六岁时画的画中，中间的鹿以简洁的封闭曲线构成，仅在头部与鹿角进行详细描绘，在此基础上，以线条分割出二级单元，将大川的家人、老师、朋友分列其中

《手》 大川 画 / 四岁

大川四岁时画的手，以封闭曲线的方式完成。封闭曲线是儿童绘画的一个显著特征，一根曲线将手指、手掌等不同部分连续而平滑地融入一个整体样式之中，在这一过程中儿童必须对部分与部分之间的连接方式、可能出现的整体形态进行通盘考虑，而不是一个局部、一个局部地分别考虑与处理，因此是一个更为复杂的组织行为。在强调手的整体性的同时，大川将每一根手指涂以不同色彩，以丰富画面表现力。指甲画在手指的外面

《龙》　大川　画 / 七岁

大川七岁时在学校美术课上画的龙，龙的身体以更为复杂的封闭曲线构成，在表达了龙所特有的曲线的同时，布满利齿的巨大的龙头显现出龙所特有的威严与张力。为适应龙身的复杂曲线，龙的四肢被演化成五个，而龙尾及龙角采用与龙爪一样的表现形式。儿童在面对复杂主题时，会将注意力集中于对象的主要特征或心理意象上，往往采用简化的方式予以体现，而不顾及对象细节的准确

《飞机三视图》

大川　画　/六岁

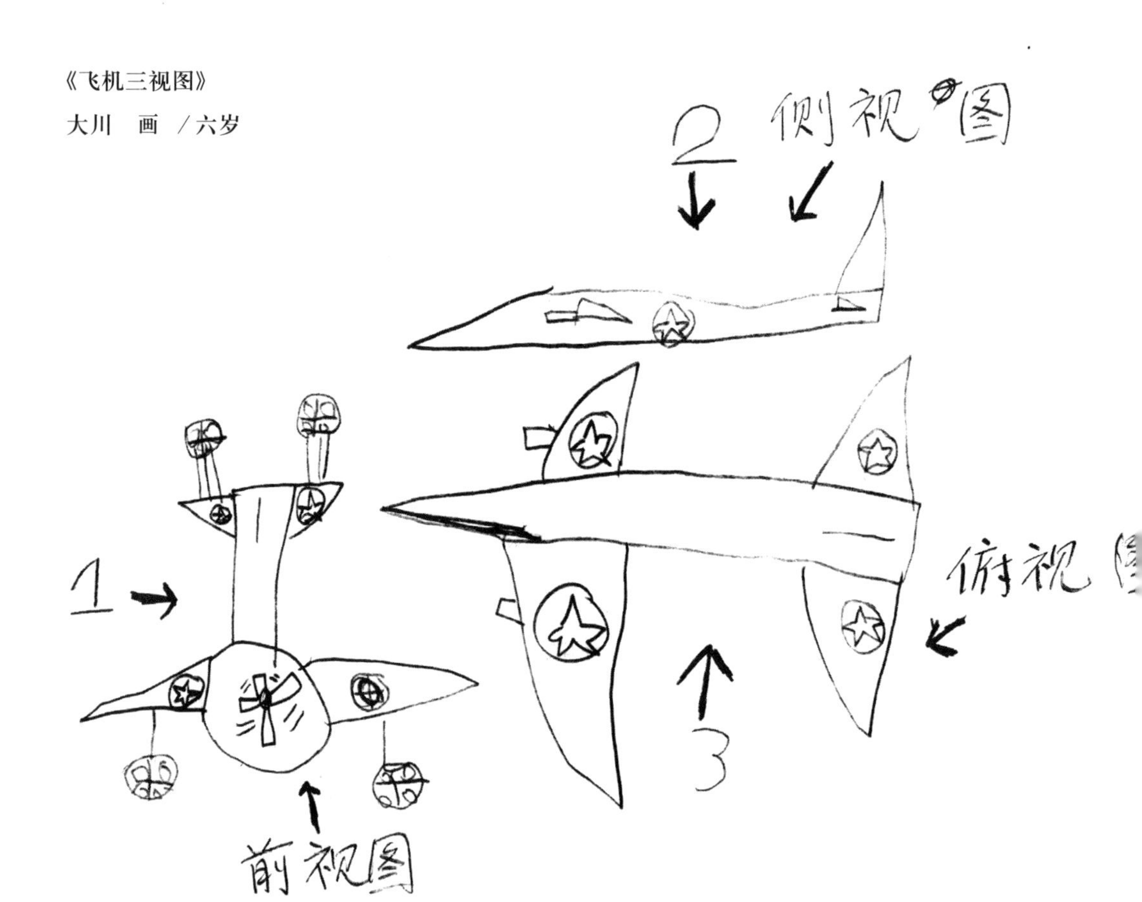

大川有一天拿来这张画（左页图），要我帮他写上"前面图""上面图""侧面图"，当然，我用了更专业的写法。

图3是中轴对称的飞机的俯视图。

图2中的机翼（五角星左侧）的处理运用了焦点透视常见的透视缩短的表现手法。

图1是一个挺有意思的例子，对称的机翼、螺旋桨的正圆形轨迹均表达了飞机正面的意象，而四个轮子却做侧面表达，飞机的整体形态又做俯视表达。运用多视点的组合建构飞机的整体意象，不符合焦点透视的要求，但就将一个孩子有关飞机的印象完整地表达出来的目的而言，这样的表达法无疑有其合理性与足够的清晰度。就艺术的手法而言，焦点透视法只是西方绘画史上阶段性的产物，在再现物象的过程中由于透视缩短而造成物象的扭曲与变形，而在中国、古埃及等其他文化背景下的艺术实例中，我们不难发现多视点组合所营造的艺术的趣味与价值。

形态的视点角度的变化及多视点的形态组合是儿童绘画的一个重要特征。在表现"井"时，大川以俯视的方式来表达，借以强化井口的圆形特征；在《开船的船长》一画中，船长做侧面表达，而船舵则做俯视表达……针对不同的事物采用不同的视点角度，其目的是选取事物特征表达的最佳面，也就是说，儿童不是依样画瓢，而是主动、有意识地去选择那些能最大限度突出事物特征的最佳表现面。有的时候，一个特定的展示面不足以全面完善地表达事物的整体意象，便会出现不同视点的形态组合，这种形态的组织结构在儿童画中非但没有流于生硬、机械，反倒意会出感性、诗意的情趣，使得一件本来很平常的事物变得不再平常，这就是儿童画的魅力。

《动物》　大川　画 / 四岁

四岁时，大川通过封闭单元的组构，描绘出各种动物的基本形态，中间的飞禽以对称的方式来表达，而左下角与右上角的走兽则以侧面的形态来表达。对不同动物的不同视点的选取说明，即使是低幼阶段的儿童对事物典型特征与视点角度的关系也具有高度敏感，并体现在其具体的图形表现上

《井》

大川　画 / 四岁

以俯视的方式来表达井口的圆形特征

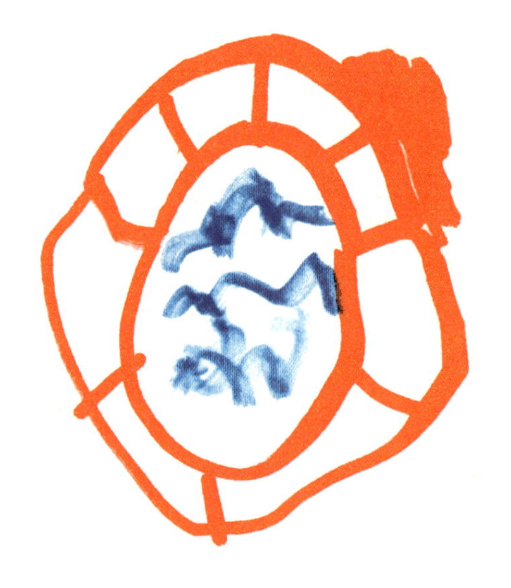

《课桌与黑板》　大川　画　/　四岁

桌面以俯视的方式表达，上面的茶杯却是侧面视角，而杯托又是俯视表达；课桌的四条腿并排放置，以强调其对称的意象。幼儿绘画更关注一个事物的概念性阐释，往往采用多视点组合的方式来体现，而不太顾及实际的形态

《开船的船长》

大川　画　/四岁

船长侧身站立，船舵却画成正面视角

《运动》

大川　画　/　四岁

大川在四岁时画的动物们运动的场景，根据不同运动项目采取不同视点予以表达，表现出感性、诗意的情趣，这就是儿童绘画的魅力，也是绘画的意义与核心价值之所在

《喝“AD钙奶”的人》

大川　画　/　四岁

大川将人物、桌子、椅子等以不同视点巧妙地加以组合，解决了这个具有多重关系的复杂问题

《“花大姐”与汽车》

大川　画　/　四岁

“花大姐”为俯视形态，以强调其对称性。汽车与驾驶员则为侧面形态

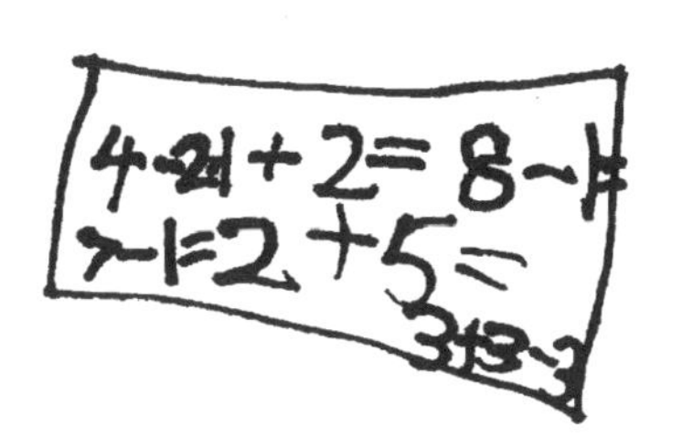

《上课的小学生》

大川 画 / 四岁

这张画描绘了正在上课的小学生，最上方是黑板，请注意儿童如何表达看黑板的小学生的意象，以及小学生、桌子、座椅等关系的组合。变通与创造是解决图形关系的核心素质，这一点儿童似乎更有优势，因为他们更大胆，更有想象力

《数字》　大川　写 / 五岁

大川五岁时写的数字，数字按顺时针方向排列，部分数字如“3”“5”“6”“7”等随方位的变化而发生左右颠倒，这是因为数字对于儿童而言并不是一个有明确方向规定才成立的抽象符号，而是一个具体的图形而已，因此“3”从右边绕到左边变成“ɛ”

一个三角形，无论是正着、倒着、斜着、立着、躺着，儿童都能轻易地识别出它是同一个东西，拉斯瑞曾断言："从昆虫到灵长目动物，这类简单的转换都不会造成识记上的困难。"（转引自鲁道夫·阿恩海姆,《艺术与视知觉》，第 52 页）这一行为的心理学根据是，在人的观看过程中，看见某一样东西意味着获得了某一类事物的意象，一般先于个别，也就是说概括在先，知觉是有理解力的，所谓理解力是指"从一种难以辨别的背景或前后关系中把一种隐蔽的性质或关系识别出来的能力"（鲁道夫·阿恩海姆，《视觉思维》，第 128 页）。它的好处在于，任何一个儿童绝不会因为母亲改变姿态就不认识母亲了。但这一基于生存需要而演化出的本能知觉却让儿童在面对字母或数字时发生问题，因为字母或数字的概念有明确的方位规定，如"b"与"d"不同，但五岁以前的儿童不了解这一点，于是在写字母或数字的过程中经常会发生颠倒的错误，这一错误经常发生在儿童按一定方向、如顺时针或逆时针方向排列字母或数字的时候。

第十章／方位与顺序

《杭》
大川　写　／　三岁

另一个现象是，方位的变化影响着儿童对形的控制能力，在大川刚刚开始学写字的时候，往往将一个数字或汉字分解，如"9"变成一个圈加一竖，"8"变成两个圈相加，上图的"杭"字则将每一部分分开写（这一行为再次说明分解单元是儿童绘画的重要特征），"杭"字中的"几"往往被写得乱七八糟，这是由于"几"字的折线造成了复杂的方位变化，这种变化是幼儿难以控

《走楼梯的人》

大川　画　/　五岁

在这张画中，行走在楼梯上的人顺着楼梯向下走的时候，变成头朝下的状态

制的。在大川小学一年级时，我发现他写“多”字时常将两个“夕”上下垂直摆放，而不顾及两个“夕”同时所具有的左右平行关系。事实上，斜线的平行关系的处理一直是困扰小学生汉字书写规范的重要因素，这就带来了一个有关汉字教学的想法，也许小学语文生字的选择不仅应考虑笔画的多少，也应考虑字的方位构成。在我看来，掌握一个汉字的难易程度，最主要的取决因素并不是笔画的多少，而是其结构的性质。事实上，多向度的结构关系的失控往往是小学生书写出错，也是小学生写字不好看的主要原因之一。

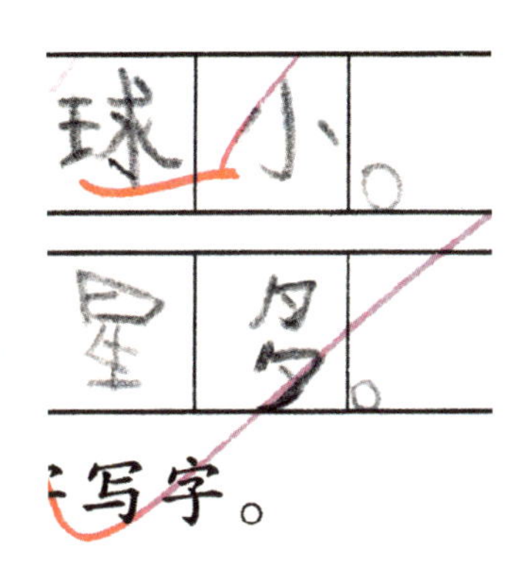

《多》
大川　写　/　六岁半

对于生物而言，由于重力的存在，上下的定向比左右的定向更具有决定作用，那么根据节省原则，左右的定向容易被忽视，这也是为什么字母或数字的左右颠倒的概率要高一些的原因。但上下颠倒在低幼儿童的绘画中同样是一个突出的特征，我们会发现儿童有时会画出头朝下、脚朝上的倒立的人，其自如程度与画一个正常站立的人并无二致。定向是一个相对的而不是绝对的现象，只有在一个有明确结构框架的限定空间里，才会有所谓“颠倒”的判断，那么“颠倒人”的出现是否意味着儿童无视或忽略了事物的背景空间呢？早期儿童画中的人、物体都像是失重似的散乱地飘浮在纸面上，似乎是这一设想的一个证明，事实上，脱离背景或前后关系去表现事物的确是儿童早期绘画的重要特征，统一的空间关系的建立是随着生物机体的成熟与环境的不断塑造才逐渐形成的。

《郭》　/　金文

然而另一个例子又给我以新的启示：我的一个朋友曾经对我说，她四岁的女儿在相当长的一段时间里持续地画头朝下的人，她说：“我坐在桌子这边，我女儿坐在我的对面给我画像，结果画出的我是倒着的，头朝下。”这一描述让我想到金文的“郭”字，《说文解字》释义为：“从回，象城郭之重，两亭相对也。”这一描述告诉我们上下颠倒的亭子是两亭相对的写照。事实上利用上下颠倒的形式来描绘事物间的相对位置是

《手表》 大川 画

大川不同时期画的两只手表，显示了儿童对数字与顺序的理解的发展历程

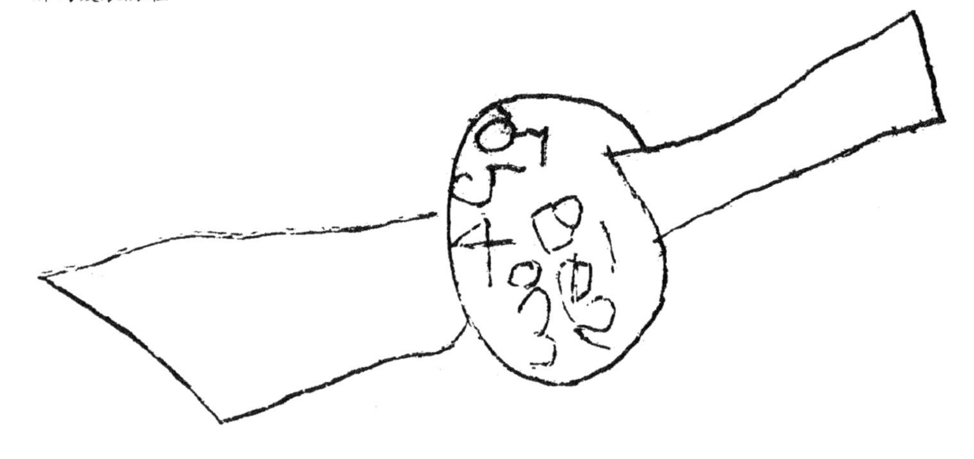

一个常见的图形表达，大量的古代山志图、县志地理图的设计就使用了这一形式。如果儿童以自己的位置为基本的方位参照系——正方向，那么其反方向——对面的母亲向下颠倒就是合理的。由此我相信儿童与其绘画对象的位置的相对性也是导致“颠倒人”出现的原因之一，但即使这些个人管见能够成立，“颠倒人”的现象仍存有其他尚不为我们所知的深刻原因。

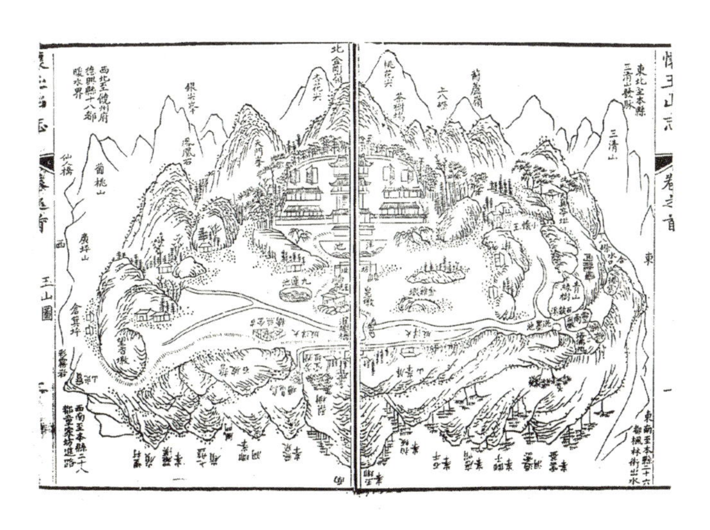

《怀玉山志》

清乾隆年间刻本

南面山峰用倒置的方式表达与北面山峰的相对位置

《高速路》

大川　画　/　六岁

大川画的高速公路，路两旁的建筑呈水平对称，本图以路的北面为正，路的南面建筑就“颠倒”过来

下编／题材的研究

《车》

大川　画　/　四至五岁

大川画的车的基本模式是一个横向的长方形中间凸起，再加上两个代表车轮的圆圈

《男孩与女孩》

大川　画　/　五岁

车、家人、动物等是大川常画的题材，每一类题材都有一种基本的图形模式，比如家人都是由圆形的头、长方形的躯体以及类似的四肢组成的。为了区别家人，大川会在细节上加以变化，比如在头上加一束长发代表“妈妈”，通过身高高矮变化以分别“爸爸”与“儿子”……这种整体一致、细节有别的图形模式的出现，意味着儿童意识到个体间的差异性以及种属意义上的共同特征。

另一方面，无论是一个人的模式还是一辆车的模式都是在具体的绘画过程中感性地获得的。比如说，儿童在看见一辆车之后，立刻就能以一种极度简化的方式将车的基本模式粗略地建立起来（比如一个横向、中间凸起的长方形加上两个代表车轮的圆圈），而不是看了许许多多、各式各样的车之后，才逐渐地将其中的共有特征提取出来，最终形成车的基本模式。这就是说，当我们看到一件事物，就意味着获得了这一类事物的意象（事实上哪怕一个两岁的孩子只要见过一两次狗的模样，以后就能轻易地识别出其他品种的狗）。

在儿童建立起自己的车的图形模式之后，一旦见到新款或其他品种的车，儿童总是试图通过现有的模式的

《妈妈、爸爸与儿子》　大川　画　/　五岁

《摩托车手》　大川　画 / 五岁

皮亚杰认为所有的认知发展都是两个基本的处理机制的交互作用，一个是同化，一个是调适。

在大川面对一个摩托车玩具时，他本能地以自己熟悉的汽车的模式去描绘摩托车，以使得摩托车的特殊形态（相对于汽车）被同化到他已建立的车的基本模式之中去，但摩托车的造型与大川既有的车的基本模式之间存在的巨大差异又迫使大川在基本模式的基础上做出必要的修正与调适（在图一中，大川汽车模式中常见的中间凸起被去掉，只保留长方形车身，前轮则增加了长长的支架，而原有的方向盘也被两个对称的摩托车把手替代），以期适应这个（对大川来说）全新的事物的形态表达，这种同化与调适的交互作用，使得儿童的认知发展由一般到特殊，由简单到复杂。

图一是大川第一次画的摩托车。

图二是我画的摩托车。

图三是大川照着图二画的摩托车。

可见，就能力而言，大川是完全能胜任摩托车形态的表达，而图一之所以画成那样是由早先的模式所决定的

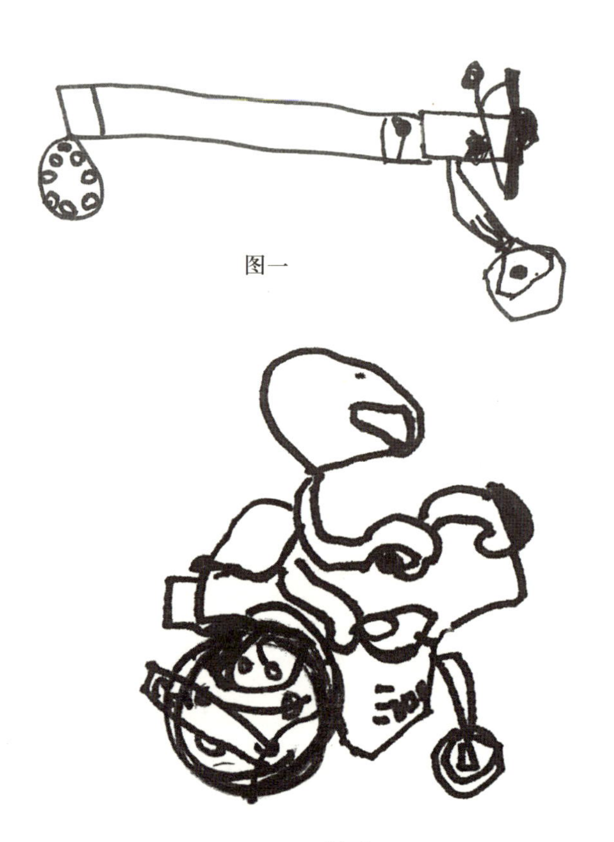

图一

图二

图三

细节上的变通——而不是大的结构的改变，来再现新车的样式。在大川写生“摩托车手”的玩具时，我们会发现原有模式与眼前实物之间的巨大差异，这一例证说明了早先的模式所具有的力量与惯性。

生物的视觉从一开始把握的材料就是事物的粗略的一般性特征，当儿童用一个圆圈来代表一个人的头部时，意味着视觉是一种有效的组织，而这种组织是依照简化的原则来进行的。头部的轮廓复杂多变，而且每个人的头型都不尽相同甚至相去甚远，而儿童却能以高度简化的平滑的圆圈来对应头部的基本特征，这意味着儿童采用的图形对应模式具有一般性、整体性的特征，在感性的观看过程中有抽象的存在，由此视觉活动成为一个创造性的行为。在面对一件件全新的事物或事件时，儿童以令人惊羡的勇气与想象力创造出多样化、个性化、高度简约的图形模式予以体现，据此，绘画对于儿童而言，不仅是一种自娱性质的涂鸦，而且是利用感知获得样式进行思维训练的重要手段之一。

随着儿童的成长，每一种题材的图形模式都会产生阶段性的质变，追踪这些变化不仅具有学术上的研究价值，而且能让为人父母者真切地看到自己的孩子成长过程中一个个生动的思维标记。发现和研读这些标记会给我们带来莫大的乐趣，让我们在惊奇于儿童不可思议的创造力的同时，更感受到令人感动的生命的价值与意义。

《黑猫警长》

大川　画　／　五岁

大川画的“黑猫警长”系列，通过添加胡须、辫子、眼镜等细节以区别“猫先生”“猫博士”“猫小姐”的身份

《鸟吃虫》（局部）

大川　画　/　四至五岁

第十一章 / 动物

我最喜欢的动物画是大川四岁多时画的《鸟吃虫》，画面中的小鸟以一种优雅的俯冲姿态冲向虫的区域，像这样具有非凡感动力的小鸟在大川以后的作品中再没有出现过，于是我有意识地检视了大川五岁以前画的动物形象，并将之与六岁以后画的动物形象进行比较，我发现不少早期画的动物天真稚气，生动多变，极度简约又大气磅礴，而六岁以后的动物描绘则在准确性、完整度方面有了长足的进步，在细节的处理上常有精彩的地方，但早期的动物形象所具有的那种在大的关系上令人感动的态势、力度却削弱了。

六岁以后的大川，对有相似形态的事物的表达模式趋于稳定一致和成熟，比如，无论猫、狗、马、兔……都是用一种固定的“四脚”模式来表达，这一点符合图形表达的一般规律，但这种简化的方式却带来一个表现力弱化的问题，如何能在一种基本模式的基础上敏锐地捕捉到不同事物的主要特征并在表达中体现出个性化的特点是一种更高层次上的绘画要求。在这一阶段，我们需要有意无意地提醒孩子注意观察事物、事件大的态势，而不要为细节所惑，但在具体的绘画表达中不要做强行的规定，而应顺其自然，毕竟观察力敏锐了，早晚会体现在绘画之中。

在大川五岁以前的动物画中，由于动物的图形模式尚未建立或尚未成型，无论是画一只鸭子还是一匹马都是一次前所未有的全新尝试，必须创造性地组织线条来解决面临的问题，这样，由于没有既定的模式的影响，加上儿童天生的敏感与胆识，表达上就有可能出现独特的面貌与感性的色彩。更早一些的时候，由于儿童尚缺乏对形态的控制力，往往是无意识地画一个图形，如果这个图形有点像一只老鹰的嘴，便会略微加工，加上一只眼什么的，使之成为一只老鹰的头，这种偶然形态所具有的生动性也增加了儿童早期动物画的表现力与情趣。

《狗》

大川　画　/　六至七岁

用“四脚”模式画出的狗

《猫》

大川　画　/　六至七岁

用“四脚”模式画出的猫

《猪》

大川　画　/　六至七岁

用“四脚”模式画出的猪

《人与海豹》

大川　画 / 四岁

《鹰》

大川　画　/　四至五岁

《鲨鱼》

大川　画　/　四至五岁

《猩猩》
大川　画　/　四至五岁

《食蚁兽》
大川　画　/　四至五岁

《青蛙》

大川　画　/　四至五岁

《蜘蛛》

大川　画　/　六岁

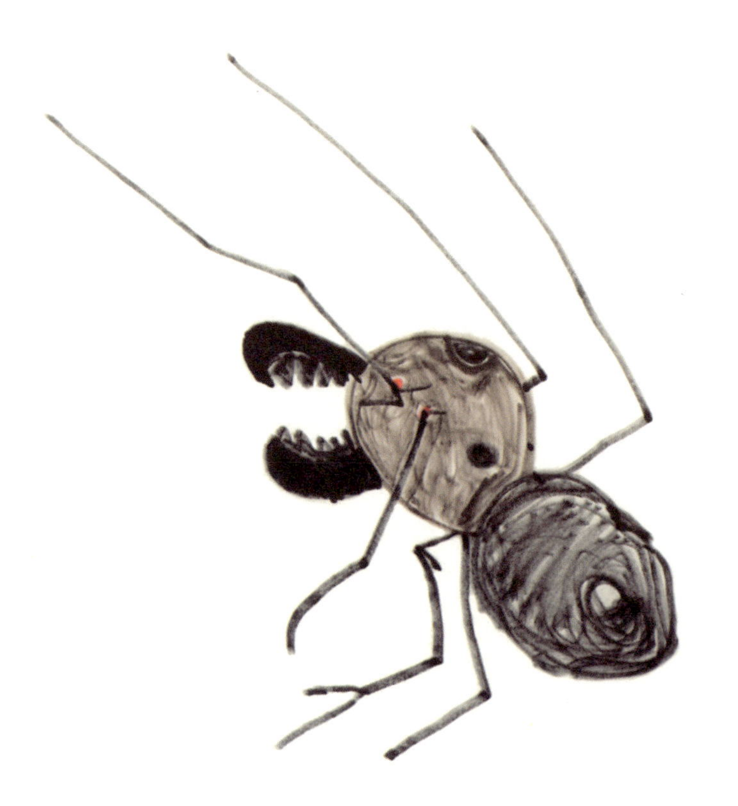

《美人鱼》

大川　画　/　四至五岁

《爬虫》

大川　画　/　四至五岁

《机器龙》

大川　画　/　七至八岁

《蝙蝠》

大川　画　/　七岁

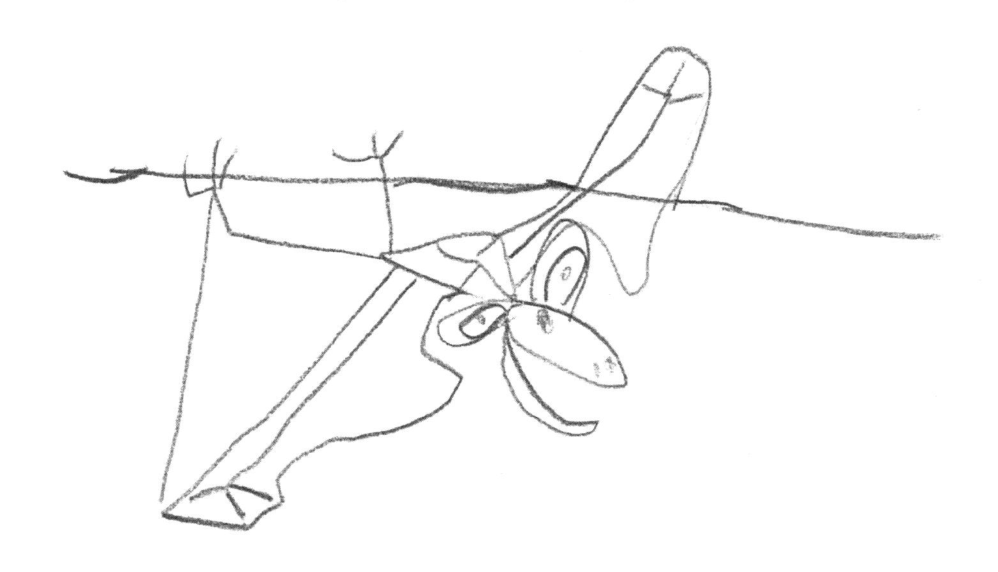

《海鸥》

大川　画　/　七岁

《鹿头》　大川　画 ／ 七岁

大川七岁时画的鹿头，嘴巴、眼睛、犄角的处理体现出儿童对物象细节的关注。犄角与鹿头的位置关系似是而非，说明儿童笔下描绘的是其脑海中物象的粗略意象，而不是对对象的刻板记录，正是这一点不同提升了绘画的趣味与格调

《动物》 大川 画 / 五岁

五岁以前大川画的各种各样的动物，由于没有既定模式的参照与限制，每一种动物的表现都各具特点与想象力

《鸡》 大川 画 / 六至七岁

六至七岁时大川画的鸡，鸡冠、翅膀、爪子、尾翼的仔细描绘，体现了儿童对事物细节的观察力的提高

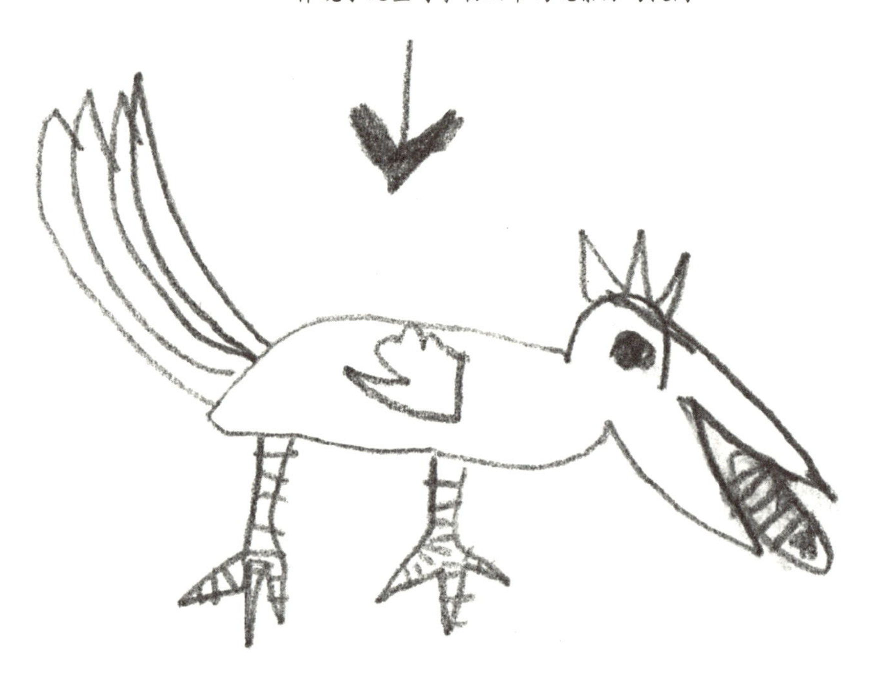

《鸡》 大川 画 / 三至四岁

三至四岁时大川画的鸡，高度简约的结构营造出质朴大气的非凡意境。其中的胆识与张力足以令成人画家赞叹不已

《鲨鱼》　大川　画 / 四至五岁

四岁多时大川画的鲨鱼，无论是鱼鳍的数量，还是鱼眼的位置、上下颌的关系都不是很准确，但鲨鱼凶猛的神态表现得淋漓尽致

《鲨鱼》　大川　画 / 七岁

七岁时大川画的鲨鱼，从形态的准确性上讲要比上图有进步，但却丧失了早期动物画所具有的不同寻常的张力与趣味

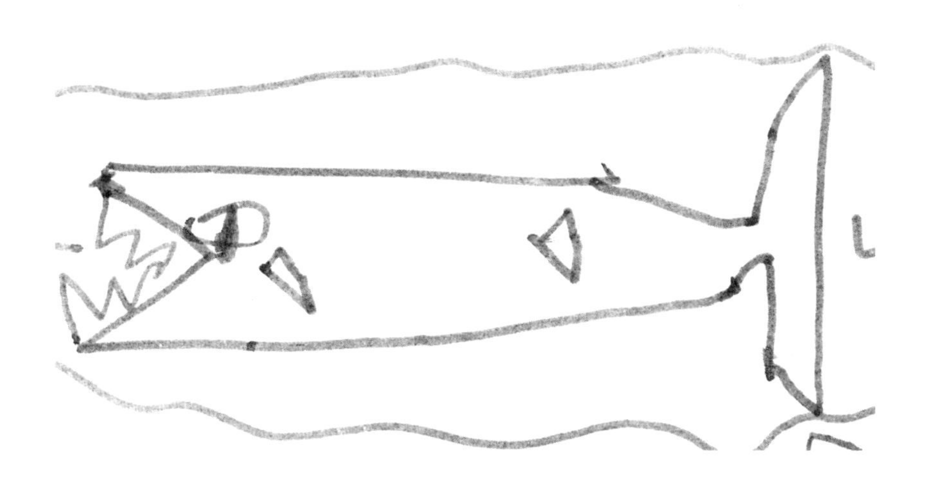

《虾》

大川　画　/　四至五岁

《虫》

大川　画　/　三至四岁

《竹节虫》

大川　画　/　三至四岁

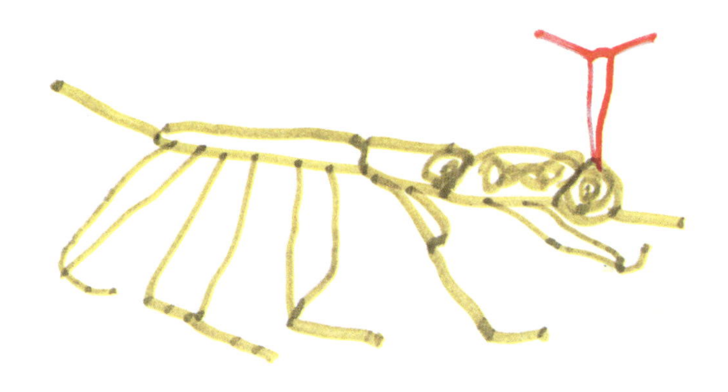

《马》

大川　画　/　三至四岁

《马》

大川　画　/　四至五岁

《马》

大川　画　/　七岁

《汽车》　大川　画 / 四至五岁

对排气管及车灯的细节关注，是大川四岁多时所画汽车的一个显著特征

第十二章 / 汽车

我所能找到的大川最早画的车是他四岁左右时的作品，这一阶段的车形态多种多样，但有两个比较突出的特点：一是几乎所有车的样式都是一个长方形下面加两个或多个圆形，显然有无轮子是车的形态判断的基本依据；另一个特点是对排气管及车灯的细节关注，车被发动时的最明显的征兆是发动机的咆哮、车灯打开与排气管的震动，对儿童来说车是一种能瞬间起动的神奇装置，对动态事物的关注是几乎所有生物基于生存需要而演化出的共有本能，儿童也不例外，这就是为什么大川在尚不能把握车的大的形态的阶段，却能仔细地画出车的灯罩和里面的灯泡，以及相对来说比较隐蔽的排气管的原因。事实上，在生物节省法则之下，某些生物只对动态物体产生反应，比如青蛙只对正在飞动的昆虫产生反应，在试验中，一只饥肠辘辘的青蛙面对一只静止地悬挂在其眼前的苍蝇却视而不见，无动于衷，只有当试验人员晃荡系苍蝇的线绳时，青蛙才一跃而起，将苍蝇一口吞下。

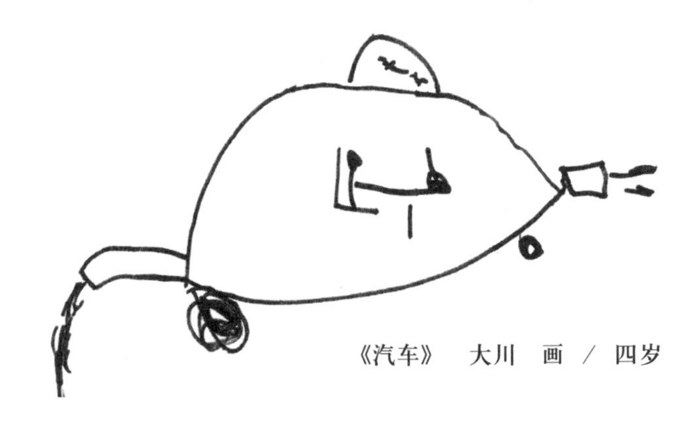

《汽车》 大川 画 / 四岁

在大川五岁左右，车的模式基本固定为一个“凸”形（表示车身）加两个圆圈（表示车轮），这一模式显然来源于轿车的样式。一开始，我发现大川画的车身与车轮生硬地靠在一起，车身像是被暂时搁在车轮上的一个物件，也许是意识到了这个问题，大川在其中的一张画中给车轮加上了一个挡泥板，以缓解这种圆与方的冲突，而在更早期的《魔鬼赛车》一画中，车身与车轮彼

《魔鬼赛车》

大川　画　/　四至五岁

在此画中，车身与车轮彼此穿透，出现一种“透明”的关系

《汽车》

大川　画　/　五至六岁

大川在这张画中给车轮与车身之间加上了一个挡泥板

《汽车》

大川　画　/　五至六岁

大川将车轮画成半圆形，体现车身与车轮真实的视觉关系

此穿透，出现一种“透明”的关系，但不久大川就开始将车轮画成半圆形，从而在视觉的真实性与表达的合理性两方面较好地解决了这个关键问题，再往后大川又画出完整的车轮与凹进的车身，这样一种凹凸关系的呈现，表明儿童的心智已经有了质的飞跃。

《汽车》

大川　画　/　六岁

凹进的车身部分刚好容纳车轮

在大川六岁以前的画中，车灯无一例外地被画在车身轮廓线以外，避免部分与部分间的重叠，保持部分的独立与完整是这一时期儿童绘画的一个重要特征。七岁以后，大川的车灯开始出现在车身轮廓线以内，在一辆不起眼的“小奔驰”的车身上我第一次看见了车窗，而在这以前大川所画的所有车似乎都是透明的，没有门，没有窗，车厢里的一切都暴露在我们的眼前，这是由于儿童处于重原理表达、尚未顾及特定视点下事物的视觉

《小奔驰》

大川　画　/　七岁

车灯出现在车身轮廓线以内，同时还画了两扇车门

《奔驰》

大川　画　/　七岁

七岁时大川画的“奔驰”，车的外形与态势颇有“奔驰”的几分神韵

《奔驰》

大川　画　/　六至七岁

车灯已画在车身以内，同时出现了车门，但车身依旧直接搁在车轮子上面

《出租车》

大川　画　/　七岁

这辆出租车的车灯出现在车身轮廓线以内，但车内依然透明，驾驶员与乘客显露无遗

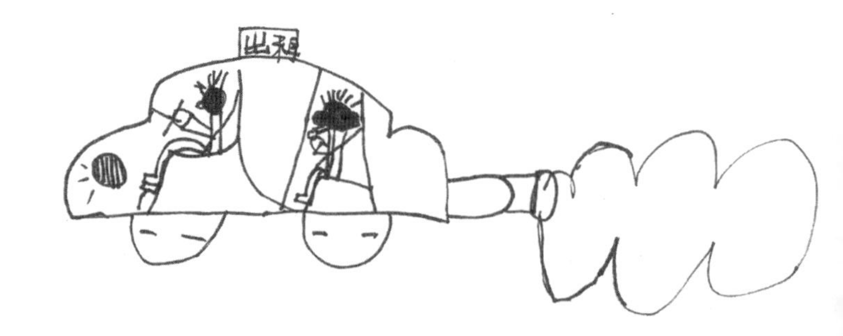

常态的时期。车窗的出现表示儿童的视觉观察由于心智的成熟而走向全面与深入。七岁以后的大川，开始有意识地观察一个事物的实际形态，并试图照着画下来，而不是只记录脑海中粗略的印象，于是“写生”在家长没有提及的情况下就自然而然地开始了。这一时期我经常提醒大川不要沉溺于对细节的关注，而要把握物体大的态势，画一只公鸡要画出公鸡所特有的骄傲，画一位武士要画出武士所特有的强悍……这样的指导能让大川逐渐明白画出一样东西的神韵远比画得像要重要得多、有价值得多。与此同时，我鼓励大川多观察事物形态的微妙变化，让大川体会到形态上的微差所带来的迥异的视觉感受，如左页上图，七岁时大川画的“奔驰”车的外形已脱离既有模式，车的外形与态势颇有“奔驰”的几分神韵却又不缺乏儿童画所特有的稚气。

《汽车》

大川　画　/　七岁

这个汽车造型基本保持了“凸”形（表示车身）加圆圈（表示车轮）的模式，但在色彩方面进行了更为深入的尝试

《车》　大川　画 ／ 四至五岁

《车》

大川　画 / 四至五岁

《汽车与轨道》

大川　画　/　七至八岁

车轮上方出现类似轴承结构，体现出大川对细节与机械结构的着迷

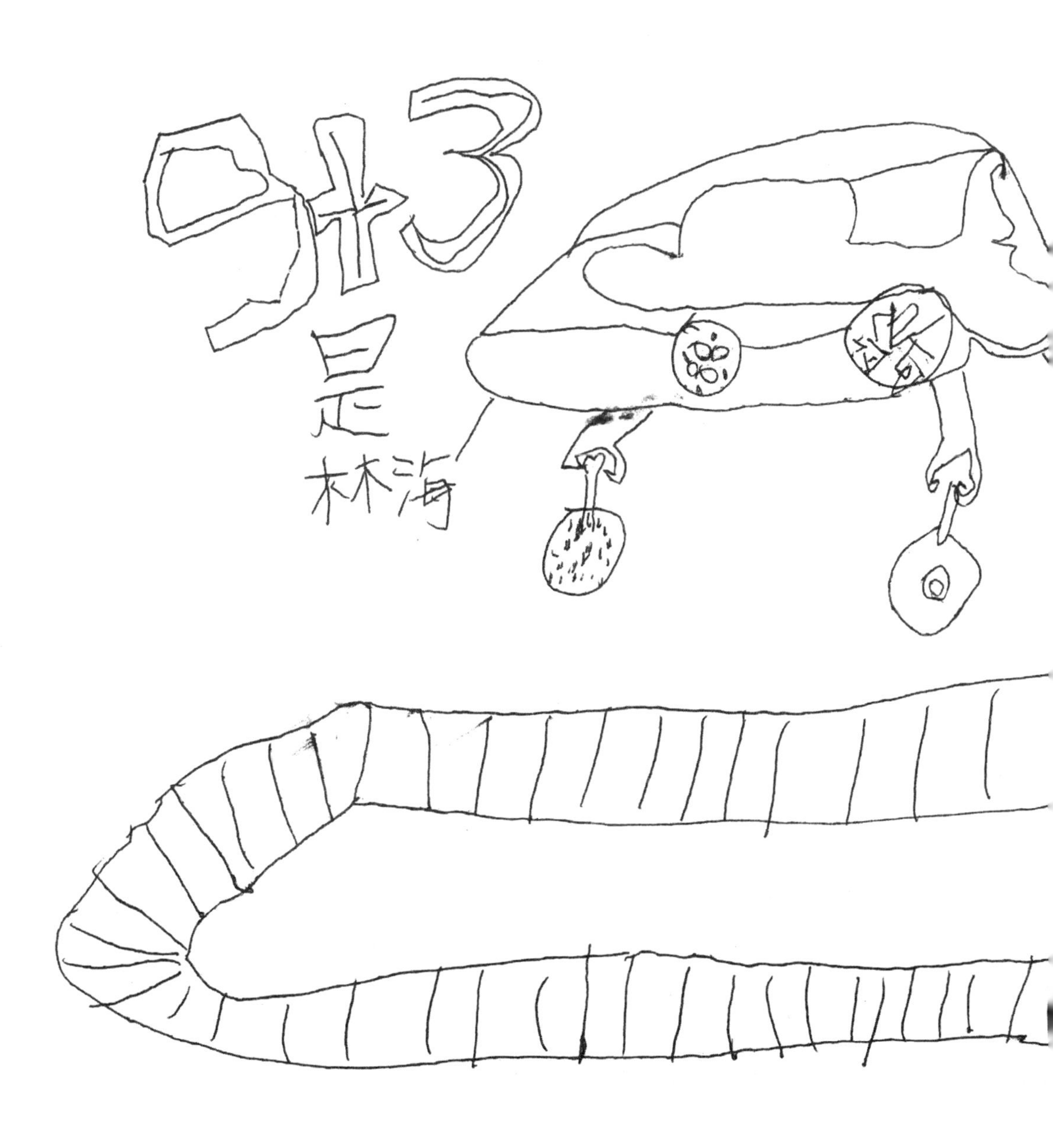

《车》　大川　画　/　七至八岁

七岁以后的大川开始关注车的细节，这两页的三幅画显示了大川对车轮形态与结构的理解与想象。这辆车的五个轮子的结构各不相同，车轮下方还用线条表现车轮的运动感

《战车》　大川　画　/　七至八岁

这辆车很明显地描绘了橡胶车轮，体现了大川对战车轮胎的厚重感的关注

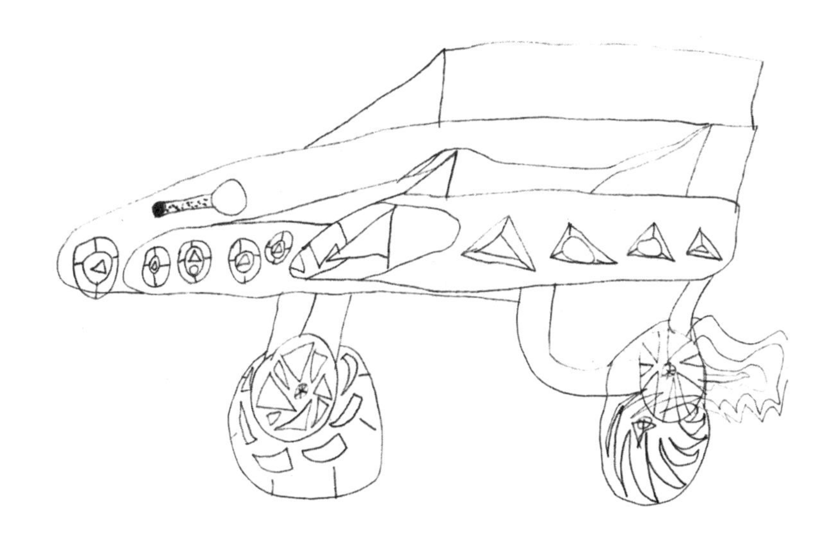

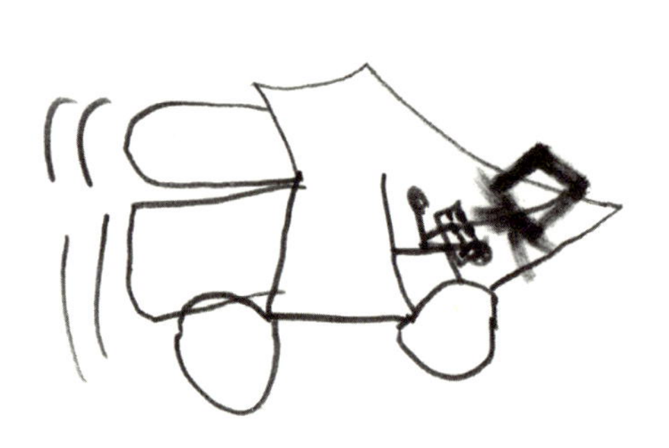

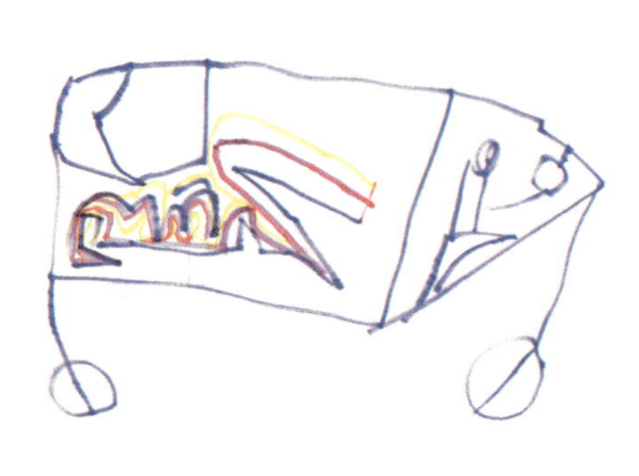

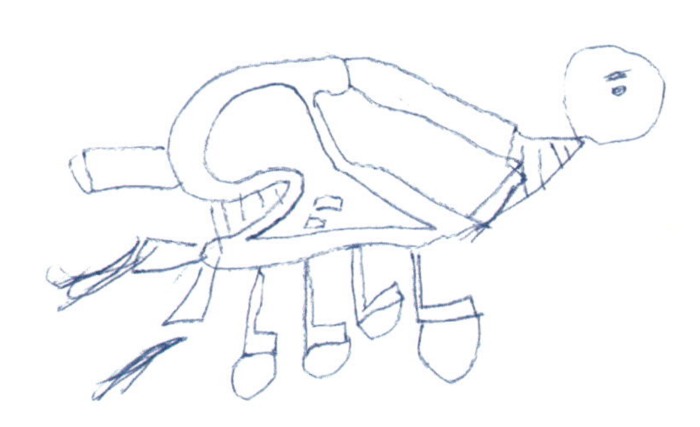

AB H
R

《火车》　图一

《火车》　图二

第十三章／火车的发展

> 类型学原则告诉我们火车车厢从马车车厢演化而来，尽管岁月流逝，但火车车厢仍保留着起源于马车的各种痕迹。
>
> ——［瑞典］奥斯卡·蒙特柳斯（Oskar Montelius）

图一是大川最早画的火车，由两个汽车连接而成，靠左边的一节车厢里有一个手握方向盘的人，据此可以估计这节车厢是车头，右边车厢里坐着若干乘客。

在图二中，左边汽车的形态发生了变化，进化为火车的车厢，右边依然是汽车的凸字形态。

在图三中，汽车的基本模式被横向拉长，车身下有众多的车轮。

在图四中，若干个两轮车厢的连接构成火车的基本模式。

在图五中，车头已经比较像火车的车头了，车轮用绕圈的方式来处理，借以表达运动中的动感。

在图六中，火车的车头上出现了明确的烟囱部分，车头的驱动连杆部分以深绿色标示，连杆与车轮的关系的描绘，显示出大川对机械动力结构的兴趣。

在图七中，大川对这种复杂的联动装置做了力所能及的图示表达，图中正确显示了连杆与车轮连接的前后关系，连杆上部的半个车轮则表达了大川对连杆上下起伏运动的印象。

《火车》 图三

《火车》 图四

《火车》 图五

在图八至图九中，火车车厢里有人在进餐，有人在睡觉，而锅炉工人正挥汗如雨地取煤烧火以增进火车的动力，这种早期蒸汽机车的动力概念可能来自于大川看到过的某一画册或某一个电视画面。

在图十中，车厢上第一次出现了车窗，车窗里的乘客只露出上半身，这意味着遮挡所产生的前后关系的视觉概念的建立，但中间的卧铺车厢却没有车窗，显然这一时期的大川依然处于视觉观察与原理表达并重的绘画阶段。

《火车》 图六

《火车》 图七

《火车》　图八

《火车》　图九

《火车》　图十

图一

飞行器与星空的概念最早出现在大川四岁时所画的一张画上，三角形的火箭有四个推进器，上方画了一个人脸模样的星星，边上有一个略像月牙的东西（见图二）。

大川稍大一点以后，星空的内容多了一些，有太阳、月亮、土星、火箭和太空船等等，其中太阳是一个戴眼镜的人脸（见图一）。

五岁时大川看了一些有关星空的图片之后，画了这张画（见图三），开着警灯的飞船冲向宇宙，前方是水星、火星、木星等，形态与色彩画得比过去详细、准确。

大川五岁半时，我结合百科全书上的图片给他讲了一点太阳系行星的观念，于是大川画了这张有一定科学观念的星空图（见图四）：太阳在中心，月亮绕着太阳转，更远一点的地方有土星、水星等轨道的描绘，表明大川对行星的运动规律有了一些了解，星星不再只是会眨眼的拟人化的东西了。

图二

小学一年级时，大川画了这幅内容比较复杂的画（见图五），在飞船的左上方，一颗来自宇宙的小行星被飞船发射的炮弹击毁，发出耀眼的光芒。左下方的小飞船

图三

图四

上的战士通过一种“泡泡”保护罩，升向大飞船，而大飞船则用两只机械臂牢牢地抓住小飞船，远处则是太阳系，太阳在中间，四周围绕着金星、木星、土星等。

从眨眼的星星到初步的星系概念与宇航知识，不过只有短短的两三年的时光，儿童神速地获得知识，并通过图形的方式创造性地表达自己对事物的理解。相信随着大川的阅历、见识的增长，飞行器与星空的故事还将继续演绎下去。

《飞行器》

大川　画　/　四至五岁

笔触用水彩表达，其块面感更强，有时同样的主题使用不同的工具会带来迥异的视觉感受，所以要鼓励孩子尝试使用不同工具与材料

图五

130号
大
9+9=9

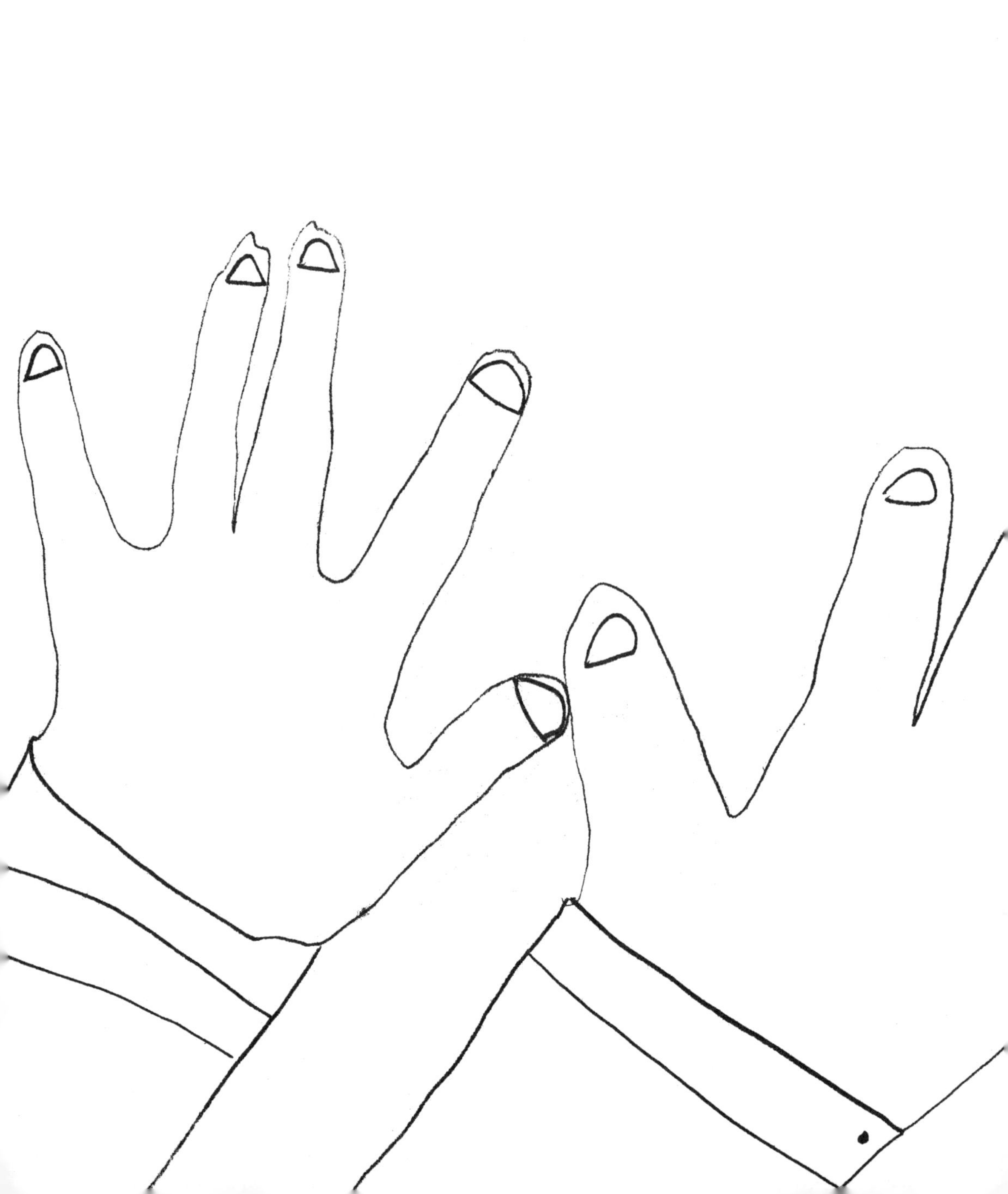

后记

1984 年我在中央工艺美院读书时，买了一本鲁道夫·阿恩海姆著的《艺术与视知觉》，这本书彻底改变了我对视觉与思维的关系的认识，《孩子的方式》一书中主要的视知觉理论便源于《艺术与视知觉》以及鲁道夫·阿恩海姆的另一部著作《视觉思维》。提及这两部著作的目的，一是为了让读者了解本书主要理论的渊源，二是为了表达我本人对鲁道夫·阿恩海姆先生的敬意与感谢。

七岁之前，我儿大川日复一日以令人惊叹的热情在各种纸片上留下了无数的“涂鸦”，而我妻则出于爱子之心与艺术家的敏锐，收集了这些看似不起眼，实则具有重要意义的纸片，使我得以利用这些材料进行儿童画的个案研究，并在 2002 年初成此书，翌年由台湾三言社出版此书的繁体中文版。

十五年恍如流水，本书已成绝版，只是在淘宝上有未经授权的复印本出售。一些家长及从事儿童绘画教育的老师（其中包括我的学生）经常询问这本书是否会再版。2015 年暑假，我将这部书稿发给三联书店的徐国强编辑，询问出版的可能性，很快得到回应：求之不得。

这是一部极具个案性质的儿童绘画研究专著，目的是分析而非教学。正确的儿童绘画教育要建立在对儿童绘画科学认识的基础上，我不知道这种个案研究是否能接近这一目标，但我尽可能做到如实记录与审慎分析，希望能借此帮助教师与家长发现一种非主流的教育视角，那就是：少干预，尽量停留在观察或鼓励的层面，而非急于教授技术或拔高层次。我一向认为，早期儿童绘画是自然而然的过程，不需要任何技术层面的教育。对于孩子与家长而言，在形形色色的绘画班的包围中，碰到一个节制、审慎而非热情过度的老师实在是一种幸运。

杭海

2017 年初夏于望京南湖西园听雨楼